丝绸之路系列丛书

刘元风 赵声良 主编

敦煌服饰艺术图集

图案卷

（下册）

王可 编著

中国纺织出版社有限公司

内 容 提 要

“丝绸之路系列丛书”中的图案卷分为上、下两册，针对敦煌莫高窟壁画和彩塑中的典型人物形象，如佛国世界中的佛陀、菩萨、弟子、天王、飞天、伎乐人，以及世俗世界中的国王、王后、贵族、平民、侍从等，进行服饰图案整理绘制和理论研究，对其反映的服饰图案造型、染织工艺和文化内涵进行分析，旨在为敦煌艺术的研究者和设计师提供有益的参考。

本书适合服装设计、平面设计等相关专业师生参考学习，也可供传统服饰文化爱好者、石窟文化爱好者收藏借鉴。

图书在版编目（CIP）数据

敦煌服饰艺术图集．图案卷．下册 / 王可编著．北京：中国纺织出版社有限公司，2024．10．--（丝绸之路系列丛书 / 刘元凤，赵声良主编）．-- ISBN 978-7-5229-2007-8

Ⅰ．TS941．12-64

中国国家版本馆 CIP 数据核字第 2024TG0318 号

Dunhuang Fushi Yishu Tuji Tu’an Juan

责任编辑：孙成成　　责任校对：高　涵　　责任印制：王艳丽

中国纺织出版社有限公司出版发行
地址：北京市朝阳区百子湾东里 A407 号楼　邮政编码：100124
销售电话：010—67004422　传真：010—87155801
http://www.c-textilep.com
中国纺织出版社天猫旗舰店
官方微博 http://weibo.com/2119887771
北京华联印刷有限公司印刷　各地新华书店经销
2024 年 10 月第 1 版第 1 次印刷
开本：889 × 1194　1/16　印张：10.75
字数：105 千字　定价：98.00 元

总序

伴随着丝绸之路繁盛而营建千年的敦煌石窟，将中国古代十六国至元代十个历史时期的文化艺术以壁画和彩塑的形式呈现在世人面前，是中西文明及多民族文化荟萃交融的结晶。

敦煌石窟艺术虽始于佛教，却真正源自民族文化和世俗生活。它以佛教故事为载体，描绘着古代社会的世俗百态与人间万象，反映了当时人们的思想观念、审美倾向与物质文化。敦煌壁画与彩塑中包含大量造型生动、形态优美的人物形象，既有佛陀、菩萨、天王、力士、飞天等佛国世界的人物，也有天子、王侯、贵妇、官吏供养人及百姓等不同阶层的人物，还有来自西域及不同少数民族的人物。他们的服饰形态多样，图案描绘生动逼真，色彩华丽，将不同时期、不同民族、不同地域、不同文化服饰的多样性展现得淋漓尽致。

十六国及北魏前期的敦煌石窟艺术仍保留着明显的西域风格，人物造型朴拙，比例适度，采用凹凸晕染法形成特殊的立体感与浑厚感。这一时期的人物服饰多保留了西域及印度风习，菩萨一般呈头戴宝冠、上身赤裸、下着长裙、披帛环绕的形象。北魏后期，随着孝文帝的汉化改革，来自中原的汉风传至敦煌，在西魏及北周洞窟，人物形象与服饰造型出现“褒衣博带”“秀骨清像”的风格，世俗服饰多见蜚襳垂髾的飘逸之感，裤褶的流行为隋唐服饰的多元化奠定基础。整体而言，此时的服饰艺术呈现出东西融汇、胡汉杂糅的特点。

随着隋唐时期的大一统，稳定开放的社会环境与繁盛的丝路往来，使敦煌石窟艺术发展至鼎盛时期，逐渐形成新的民族风格和时代特色。隋代，服饰风格表现出由朴实简约向奢华盛装过渡的特点，大量繁复的联珠、菱形等纹样被运用到服饰中，反映了当时纺织和染色工艺水平的提高。此时在菩萨裙装上反复出现的联珠纹，表现为在珠状圆环或菱形骨架中装饰狩猎纹、翼马纹、凤鸟纹、团花纹等元素，呈现四方连续或二方连续排列，这种纹样是受波斯萨珊王朝装饰风格影响基础上进行本土化创造的产物。进入唐代，敦煌壁画与彩塑中的人物造型愈加逼真，生动写实的壁画再现了大唐盛世之下的服饰礼仪制度，异域王子及使臣的服饰展现了万国来朝的盛景，精美的服饰图案将当时织、绣、印、染等高超的纺织技艺逐一呈现。盛唐第130窟都督夫人太原王氏供养像，描绘了盛唐时期贵族妇女体态丰腴，着襦裙、半臂、披帛的华丽仪态，随侍的侍女着圆领袍服、束革带，反映了当时女着男装的流行现象。盛唐第45窟的菩萨塑像，面部丰满圆润，肌肤光洁，云髻高耸，宛如贵妇人，菩萨像的塑造在艺术处理上已突破了传统宗教审美的艺术范畴，将宗教范式与唐代世俗女性形象融为一体。这种艺术风格的出现，得益于唐代开放包容与兼收并蓄的社会风尚，以及对传统大胆革新的开拓精神。

五代及以后，敦煌石窟艺术发展整体进入晚期，历经五代、北宋、西夏、元四个时期和三个不同民族的政权统治。五代、宋时期的敦煌服饰仍以中原风尚为主流，此时供养人像在壁画中所占比重大幅增加，且人物身份地位丰功显赫，成为画师们重点描绘的对象，如五代第98窟曹氏家族女供养人像，身着花钗礼服，彩帔绕身，真实反映了汉族贵族妇女华丽高贵的容姿。由于多民族聚居和交往的历史背景，此时壁画中还出现了于阗、回鹘、蒙古等少数民族服饰，真实反映了在华戎所交的敦煌地区，多民族与多元文化交互融汇的生动场景，具有珍贵的历史价值。

敦煌石窟艺术所展现出的风貌在中华历史中具有重要地位，体现了中国传统服饰文化在发展过程中的继承性、包容性与创造性。繁复华丽的服装与配饰，精美的纹样，绚丽的色彩，对当代服饰文化的传承发展与创新应用具有重要的现实价值。时至今日，随着传统文化不断深入人心，广大学者和设计师不仅从学术研究的角度对敦煌服饰文化进行学习和研究，针对敦煌艺术元素的服饰创新设计也不断纷涌呈现。

自2018年起，敦煌服饰文化研究暨创新设计中心研究团队针对敦煌历代壁画和彩塑中的典型的服饰造型、图案进行整理绘制与服饰艺术再现，通过仔细查阅相关的文献与图像资料，汲取敦煌服饰艺术的深厚滋养，将壁画中模糊变色的人物服饰完整展现。同时，运用现代服饰语言进行了全新诠释与解读，赋予古老的敦煌装饰元素以时代感和创新性，引起了社会的关注和好评。

“丝绸之路系列丛书”是团队研究的阶段性成果，不仅包含敦煌石窟艺术中典型人物的服饰效果图，同时将彩色效果图进一步整理提炼成线描图，可供爱好者摹画与填色，力求将敦煌服饰文化进行全方位的展示与呈现。敦煌服饰文化研究任重而道远，通过本书的出版和传播，希望更多的艺术家、设计师、敦煌艺术的爱好者加入敦煌服饰文化研究中，引发更多关于传统文化与现代设计结合的思考，使敦煌艺术焕发出新时代的生机活力。

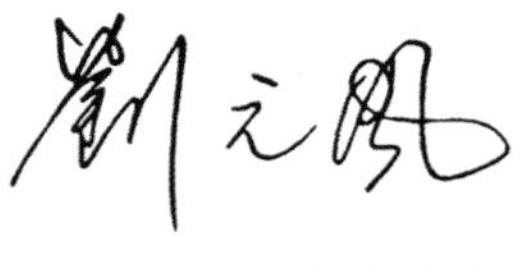

2023年11月

自序

敦煌历代服饰图案染织工艺特征

敦煌石窟艺术见证了中华文明千年的历史变迁，为我们呈现出一个令人惊叹的佛国世界。作为丝绸之路上的重要节点，敦煌不仅在政治、经济、文化等方面有着重要的地位，同时也汇聚了各种艺术形式和风格。其中，敦煌石窟中的服饰图案尤为引人注目，它们不仅具有极高的审美价值，还蕴含着深厚的历史和文化内涵。在这里，彩塑、壁画以及从藏经洞中出土的文书、绢画、纺织品，生动地展示了我国各族人民千余年来的服饰艺术之精湛和染织技术之多样。敦煌莫高窟的形成与佛教息息相关，人们怀着对宗教的虔诚之情来雕塑佛像、绘制菩萨，描绘宗教故事。尽管作品的媒介是泥壁，但通过世代工匠的巧手，我们见证了栩栩如生的佛陀、菩萨、弟子、伎乐天、天王、力士等身着华丽装饰的神祇形象，以及经变画和故事画中描绘的各种生活场景中的百姓和各国使者形象，甚至留下了世家望族在开凿洞窟时的供养人身影。每一个形象都拥有独特的魅力，而纺织品则是呈现这些多样形象的重要元素之一。这些引人注目的纺织品包括轻薄透明的丝绸、保暖的皮草等各种材质，以及用不同纺织技术制作的罗、绮、绛、锦等织物，展现了各种精美绝伦的染织刺绣纹样。因此，敦煌莫高窟不仅是艺术宝库，在其历代延续中还成为记录世俗生活风貌的“历史文献”。这部“中世纪的百科全书”中展示了丝绸之路上的主角——纺织品的宝贵资料。

敦煌早期的石窟，经历了北凉、北魏、西魏、北周的朝代更迭，这个时期在政治上发生了多次重大变革。这些朝代的兴衰和地方统治者的变化往往直接影响到艺术的发展。在早期石窟的装饰图案中，我们能够清晰地看到西域风格和中原风格逐渐融合形成一种新的艺术风格，这正是时代变迁的产物。尤其是丝绸之路的开通为文化和经济的交流提供了便利，而这种交流也深刻地影响了艺术的演变。西域与中原的织物工艺得到了进一步的交流，纺织品的交换使得不同地域的纹样和工艺相互融合。在这一过程中，敦煌石窟的装饰图案里吸收了许多创新的纹样，呈现出多元而丰富的艺术形式。特别是在纺织工艺方面，敦煌早期石窟装饰图案中常见的“几何纹”与当时的纺织技术密切相关。这些充满装饰感和秩序感的纹样通过经线和纬线的变幻，呈现出各种各样的几何图案。从平纹织物到斜纹织物，异色线的交织形成了不同大小的格子纹样。而随着绞花和提花技术的引入，织物中还出现了如菱格纹、回字纹等多样的几何图案，丰富了石窟装饰的艺术表达形式。这一时期的石窟艺术不仅是对当时社会文化的反映，同时也是各种文明交流融合的产物，展现了独特的历史价值。

6世纪末，隋朝终结了分裂割据的格局，实现了领土的统一，对社会发展起到了承前启后的重要作用。紧接着，唐代社会全方位发展，步入了中国古代最为灿烂的时期，被誉为“盛世大唐”。丝绸之路的贯通，迎来了经济和文化艺术方面繁荣发达的时代。安史之乱后，敦煌与中原在佛教和艺术领域的互动并未中断。与此同时，中原地区的染织工艺高度发达，随着织造技术的不断提高和显著进步，这时的染织艺术也进入了极盛的发展时期。异彩纷呈的染织工艺在敦煌隋唐时期壁画和彩塑的服饰图案中得到了完整而客观的呈现。

隋朝时期，平纹经锦在两汉、魏晋南北朝时期的基础上，呈现出更为丰富、华丽的细致纹样。以隋代第292窟南壁彩塑菩萨的半臂纹样为例，其在类似棋格状的方格内填充联珠小团花纹，整体布局井然有序，显示出精致而华美的格调。这种设计巧妙、风格华美的棋格联珠小团花纹锦与同期出土及传世的平纹经锦织物极为相近。在敦煌莫高窟的隋代服饰图案中，不仅有规整的几何框架内置小团花的形式，更引人注目的是其中内嵌的联珠团花纹。这种联珠纹蕴含着大量的西域艺术元素，自南北朝时期开始，通过各民族之间的战争、融合和交流，联珠纹逐渐传入中原地区。在隋代第420窟西壁龛口南北两侧彩塑胁侍菩萨所穿的半裙纹样中，联珠纹的表现形式更加丰富。联珠纹内描绘了飞马奔腾、人兽交战的场景。这种内含动物纹的联珠纹最初是在波斯萨珊王朝流行的典型纹样，传入中国后，在隋唐时期得到了广泛的推崇和发展。将现存的联珠纹织锦与隋代服饰图案对比，可以发现敦煌壁画和彩塑中呈现的服饰图案与当时丝织品的高度一致性。

在中外文化交流更加频繁的唐代，纺织印染工艺种类更加多样，织物图案也更加繁复、华丽。其中最具有代表性的唐锦在敦煌莫高窟中也有展现。例如，唐代第159窟西壁龛内南侧彩塑菩萨长裙上描绘着以花卉与云为题材的图案，主体花簇与折枝散花穿插布局，其间点缀云朵，主次分明，错落有致。浓重的土红底色与石绿色叶片、浅灰色花头及石青色云朵形成色相、明度的鲜明反差，色调明朗悦目，展现了唐代清秀型花卉图案的典型特征。在新疆吐鲁番阿斯塔那唐代墓葬中出土了一件精美的红地花鸟纹锦，花团锦簇，祥云缭绕，不仅具有华美唐锦的典型特征，也代表了唐代斜纹经锦的高水平。将第159窟服饰图案与这件织物并置，无论是绚丽华美的色彩还是气韵生动的构图，都呈现出极为相似的特点。随着织造技术的进步，纬锦逐渐取代了经锦，纬锦工艺摆脱了以往织造小型花纹的限制，带来了织物图案不断创新的趋势。因此，我们在壁画及彩塑的服饰图案当中就能够看到大型的花纹甚至是整幅的单独图案。例如，第159窟西壁龛内北侧彩塑菩萨长裙上的宝相花图案，与日本正仓院收藏的斜纹纬锦工艺织造的大唐花琵琶袋背面的纹饰非常相似。这件织物上还有与宝相花同在这一时期流行的卷草花纹，与第194窟西壁龛内南侧彩塑天王铠甲上的卷草纹样高度相似。敦煌莫高窟壁画及彩塑上除了表现出精美的唐锦外，各类印染工艺也未被忽略。在前代的基础上，蜡缬、绞缬、夹缬、木戳印花、碱剂印花等印染新工艺蓬勃发展。例如，第74窟主室西壁龛外南侧地藏菩萨袈裟上的图案，坛（田相格）内为深褐色地，上有石绿色和石青色六瓣小朵花规律穿插排列。图案造型似梅花，花瓣浑圆，根部细窄，以平涂轮廓式方法表现。这种边缘清晰、造型简洁、色彩单一的纹样推测可用夹缬或是木戳印花这类模板印花的工艺方式呈现。这些染织工艺在隋唐时期敦煌服饰图案中均有具体体现，为我们留下了异常珍贵的史料。

唐王朝灭亡后，敦煌地区的统治者一直在积极寻求与中原王朝的联系，以保持敦煌的稳定。敦煌，这个位于西北一隅的地方，能够持续推动汉文化的发展，彰显了汉文化强烈的凝聚力。然而，由于与中原地区的交流时断时续，这一时期的敦煌并未像隋唐时期那样深受中原艺术的熏陶。因此，在五代和宋时期，敦煌莫高窟壁画中的服饰呈现出了受到西域文化影响的服装款式，同时在服饰图案上仍可见晚唐风格的鸟衔花枝图案。而到了西夏和元代，洞窟数量减少，因此服饰图案的丰富度不及之前。然而，在供养人的服饰上，依然可以观察到中原王朝文化的影响。例如，西夏时期第409窟主室东壁南侧回鹘王所着的袍服上整身的团龙纹样，从其身份地位和对龙纹的独特使用来看，这应该是通过金线满绣工艺实现的。

“丝绸之路系列丛书”中的图案卷分为上、下两册，根据敦煌莫高窟中壁画（尊像画、故事画、经变画、史迹画、供养人像等）和彩塑中的典型人物形象，包括佛国世界中的佛陀、菩萨、弟子、天王、飞天、伎乐人等，以及世俗世界中的国王、王后、贵族、平民、侍从等，对其反映的服饰图案、染织工艺和文化内涵进行图像绘制和理论阐述，旨在为敦煌艺术的研究者和设计师提供有益的参考。

编著者

2024年1月

目录

盛唐

中唐

晚唐

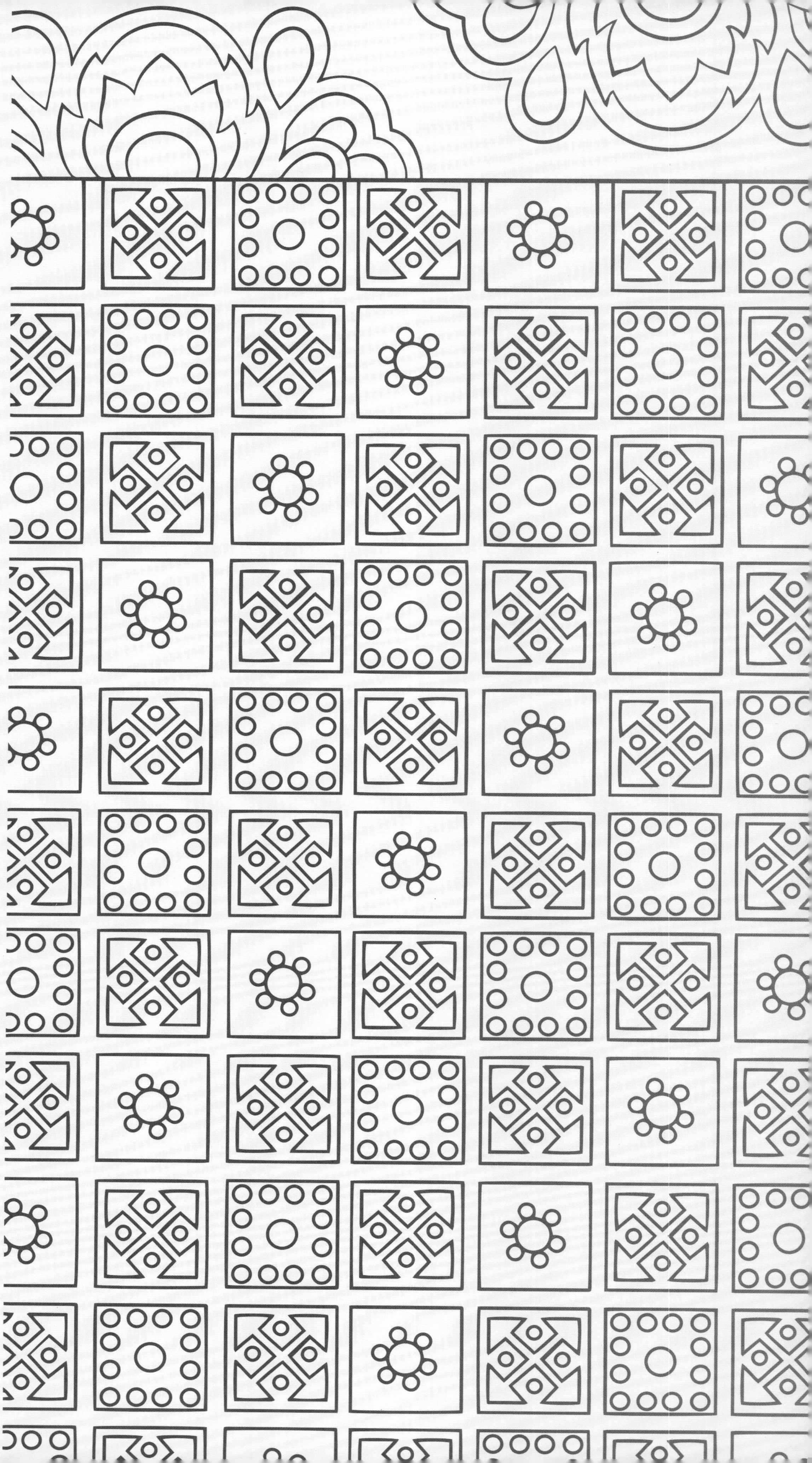

盛唐

莫高窟盛唐第66窟主室西壁龛外北侧观世音菩萨络腋图案

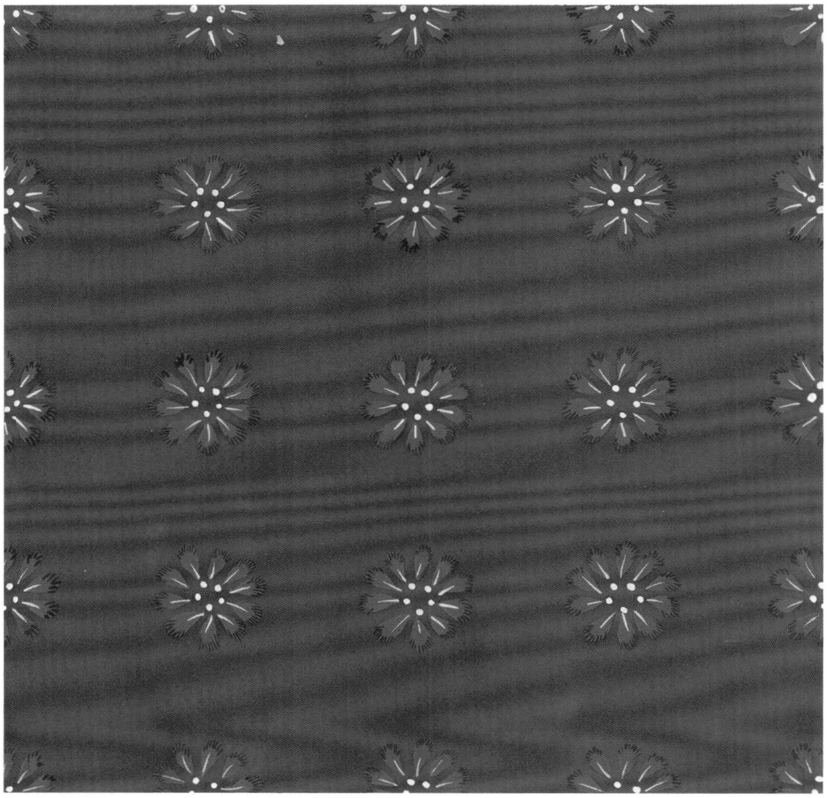

图：姚志薇　文：王可

第66窟主室西壁龛外北侧的观世音菩萨上半身斜披土红色络腋，翻折处露出石绿色的内里，色彩对比鲜明，极具视觉冲击力。络腋上装饰着十瓣小朵花纹样，以浅石绿色为花瓣呈放射状展开，深绿色点缀花瓣边缘，鹅黄色的五个圆点簇在一起作为花心，纹样花地分明，灵动俏丽，错落有致。

图：陆冰玉

莫高窟盛唐第66窟主室西壁龛外北侧观世音菩萨长裙图案

图文：王可

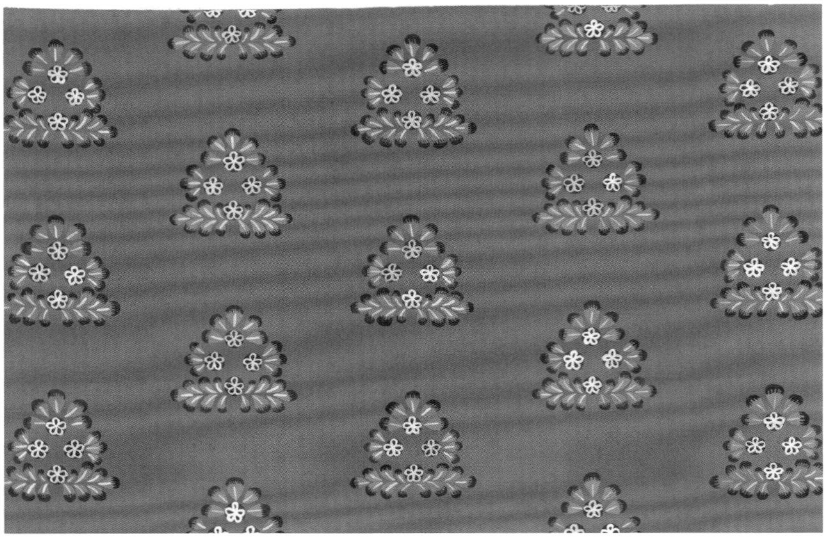

第66窟主室西壁龛外北侧的观世音菩萨下半身穿着薄纱花色透体长裙，腰间裹石绿色腰襻。薄纱长裙以橙黄色为底色，整体色调温暖而明亮。四朵白色小花十字形排开，均匀分布，营造出井然有序的美感。四周点缀绿色和蓝色的小叶片，形成对称排列的小簇花。这种配色不仅增强了视觉冲击力，还营造出自然和谐的感觉，仿佛每一片叶子、每一花朵都在微风中轻轻摇曳，充满了生命的灵动。

图：王晓彤

莫高窟盛唐第74窟主室西壁龛外南侧地藏菩萨袈裟图案

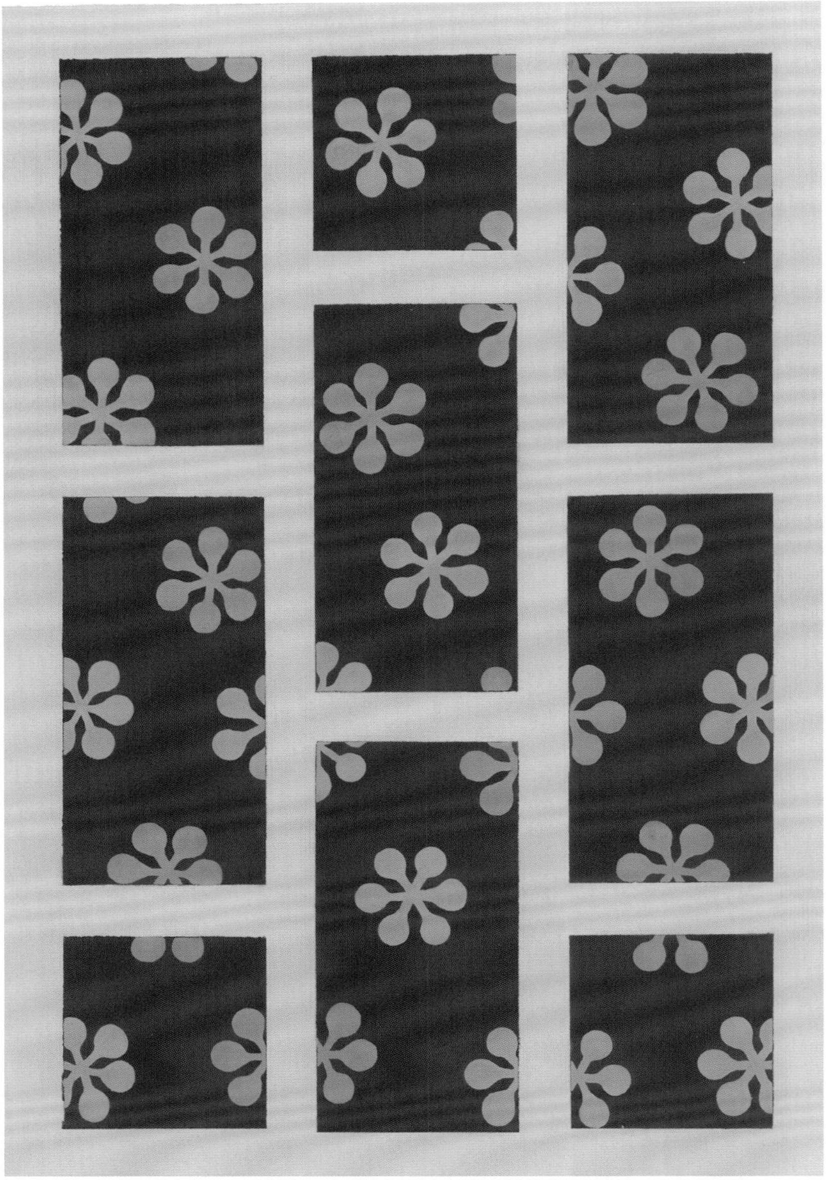

图文：王可

第74窟主室西壁龛外南侧地藏菩萨外披的田相袈裟，坛（田相格）内为深褐色地，上有石绿色和石青色六瓣小朵花规律穿插排列。图案造型似梅花，花瓣浑圆，根部细窄，以平涂轮廓式方法表现。这种边缘清晰、造型简洁、色彩单一的纹样推测可用模版印花的工艺方式呈现。四周边缘与叶（中间的横条和竖条）上没有装饰，用沙黄色布条缝缀。

图：蓝津津

莫高窟盛唐第166窟主室东壁南侧观世音菩萨络腋图案

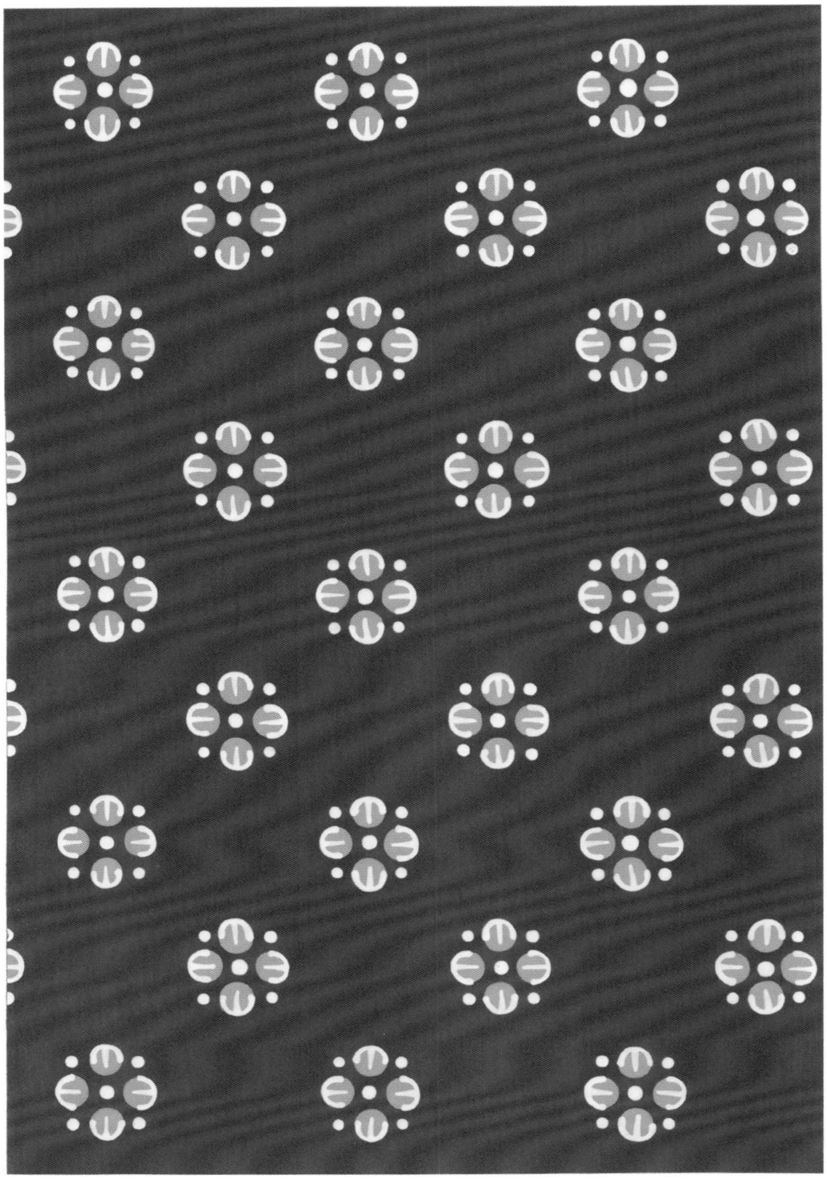

图文：常青

第166窟主室东壁南侧的观世音菩萨身披双色络腋，正面为土红底色，并以石绿色四瓣花纹为显花，与其反面的石绿底色相呼应。花瓣用白线勾勒外围，四周及中心点缀白色圆点，呈现四方连续的排列方式。纹样色彩与底色对比强烈，主体突出，整体排列清晰，风格清新雅致。四瓣花纹样为莫高窟唐代菩萨服饰中较为常见的纹样之一，多体现于菩萨的络腋、披帛、长裙、裤或腰裙中。

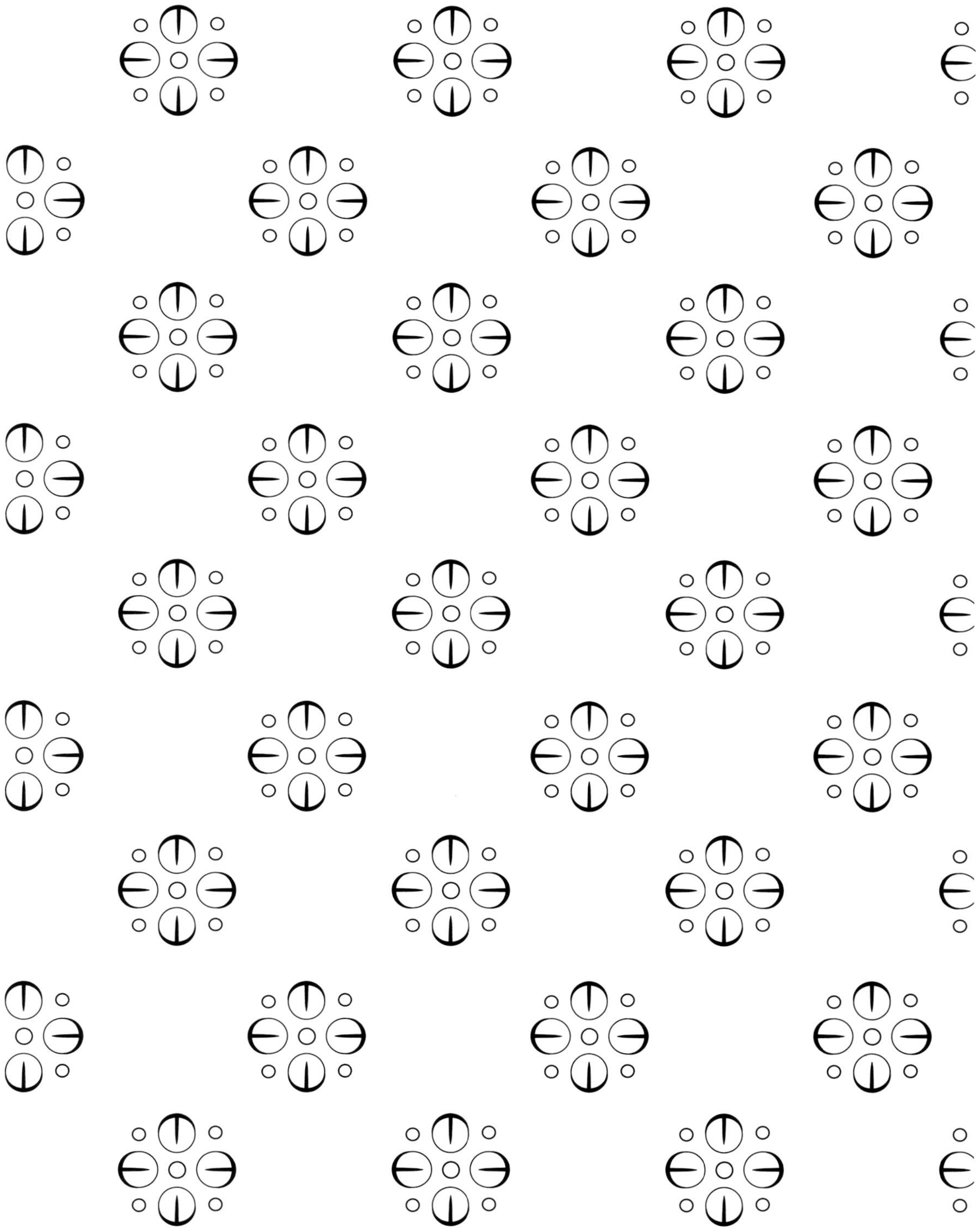

图：王晓彤

莫高窟盛唐第171窟主室西壁龛外北侧观世音菩萨络腋图案

图文：常青

第171窟主室西壁龛外北侧的观世音菩萨，虽然肤色已经氧化变色，但整体形象的描绘精彩生动，服饰华美。络腋图案采用土黄色为底色，其上错落有致地分布着蓝色十瓣小花。每朵花的花心为白色五瓣圆形小花，色彩对比鲜明，形成了强烈的视觉效果。蓝色和白色的搭配不仅使得花型显得俏丽雅致，还增加了图案的层次感和生动性。花朵以四方连续的排列方式交错分布，营造出一种井然有序的美感。这种设计方式在唐代服饰中较为常见，反映了当时人们对秩序美和自然美的追求。

图：吴铃

莫高窟盛唐第172窟主室北壁胁侍菩萨裙身图案一

图文：孙晓丽

第172窟主室北壁观无量寿经变壁画中右边胁侍菩萨的织锦阔裙上布满精美的装饰纹样。膝盖以下的裙饰最为完整清晰，这部分裙面被横向二方连续纹样分为三个大装饰带，依次饰以菱形纹、三角纹、花草纹，其中的三角纹与南壁壁画中舞伎足下的三角纹地毯遥相呼应。色彩以青绿为基调，石青、石绿、土红、深褐四种不同明度的主色形成四个清晰的色彩层次，又以米白、金提亮色调，诸色穿插运用，构筑成均衡、稳定的色彩关系。

这组装饰纹样最大的亮点是上部由菱形连缀而成的几何纹，其特别之处不仅在于截金技法的运用，更在于纹样组织的巧思。这组几何纹既可看作一个个有六个菱形花瓣的正面花型，又可看作层层罗列的正方体。“共用形”既实现了单元纹样连接，又创造出令人迷幻的错视效果。

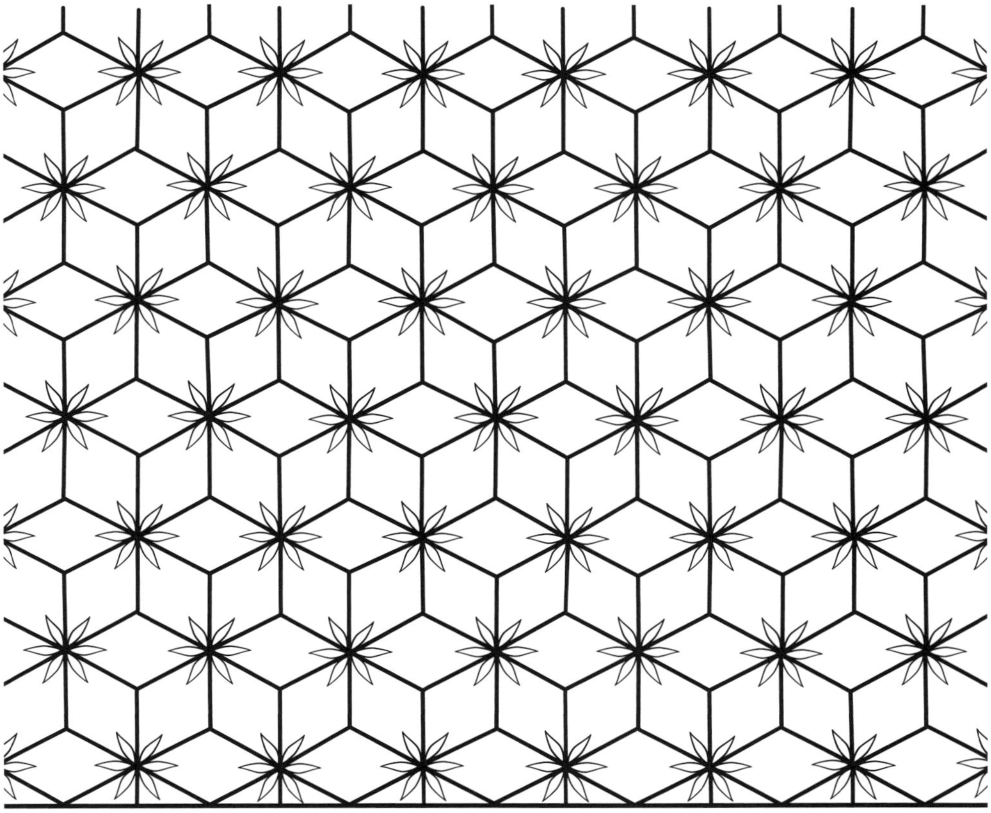

图：王晓彤

莫高窟盛唐第172窟主室北壁胁侍菩萨裙身图案二

图文：孙晓丽

盛唐第172窟主室北壁观无量寿经变壁画中左边胁侍菩萨的织锦阔裙上，饰有严谨、精美的几何纹样。这组几何纹样为宽窄相间的横带结构。上、下两个大装饰带内分别填饰单线几何纹和宽边菱形纹，单元大小和线条粗细的差异使这两组成形方法相似的纹样各具特色。上、中部两组用于划分空间的边条纹样均为花草纹和菱形纹二方连续的拼合形式，其中的花草纹虽造型简洁，却为严整的几何纹环境注入了清新的活力。色彩统一于壁画基调，以青绿为主色。绘制上最突出的特色是"截金技法"的运用，上部大面积几何纹因金光闪闪的线条和小花而成为整组纹样最灿烂夺目的部分，唐代织金工艺的辉煌效果由此可见一斑。这组几何纹样在题材、构图、色彩配置和绘制手法上，都与右侧胁侍菩萨的织锦阔裙纹饰保持着明显的对应关系，但二者又存在一定差异，这充分体现了中国传统图案多样统一的创作观念和灵活的组织方法。

图：陆冰玉

莫高窟盛唐第172窟主室南壁佛陀僧祇支缘边图案

图：张博　文：崔岩

图：吴铃

第172窟主室南壁绘制观无量寿经变一铺，中央端坐阿弥陀佛。佛陀身披田相袈裟，内着石绿色僧祇支，现择取缘边图案整理绘制。图案为二方连续式的百花草纹，无明显骨架结构，而是连续的花叶一脉贯穿样式。图案花型虽然不复杂，但是色彩丰富，以石青、石绿及熟褐相间，再点缀以红色花心，显得花团锦簇、春意盎然。

莫高窟盛唐第172窟主室东壁北侧菩萨服饰缘边图案

图文：常青

图：王晓彤、吴铃

第172窟主室东壁北侧为文殊变，文殊菩萨结跏趺坐于青狮背驼莲花宝座之上，虽然肌肤及部分服饰已氧化变色，但菩萨最外层所着透明服饰缘边仍清晰可辨，其纹样细致精美。现将菩萨服饰的缘边图案进行绘制整理。文殊菩萨上身服饰缘边为浅土红底色，图案主体为赭石色填充的菱形纹样，四边及对角线相交勾勒白边，墨绿色圆点点缀四边或四角，两个一组呈现二方连续的排列方式，整体图案规整有序又富有变化。菩萨下半身外着透明长裙，缘边同样为浅土红底色，图案为半破式二方连续结构。主体花型为半圆式联珠纹，纹样分为两层，外环为石青底色上绘白色联珠，联珠中间以竖线和横线相间隔，向内绘白色半圆，联珠环内为绿色圆瓣花朵，均呈一半式分布组合；宾花为绿色的对称式三叶纹样。主花与宾花上下交错，呈带状排列，整体配色简练，构成均衡有度。

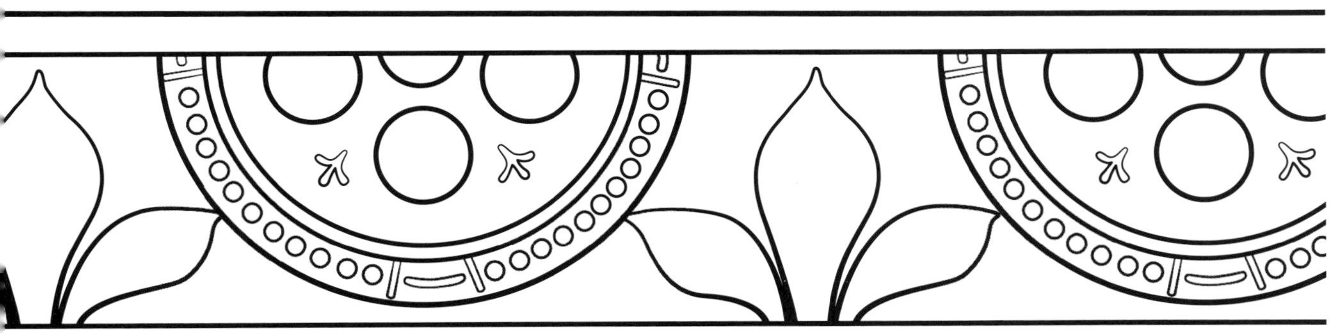

图文：王可

第194窟主室西壁龛内南侧彩塑菩萨服饰上装饰着丰富的图案，这里选取其襦衫上的纹样进行整理绘制。襦衫以青绿色为底色，主体图案以十字形为骨架，装饰四叶心形叶片。四叶心形图案有两种，一种叶片呈深褐色，点缀赭石色花心，米黄色线勾勒心形叶片轮廓；另一种叶片呈米黄色，点缀赭石色花心。襦衫领口处的缘边图案为半破式二方连续卷草纹，卷草式的花心搭配双层花瓣，纹样流畅，色彩典雅。

图：吴铃

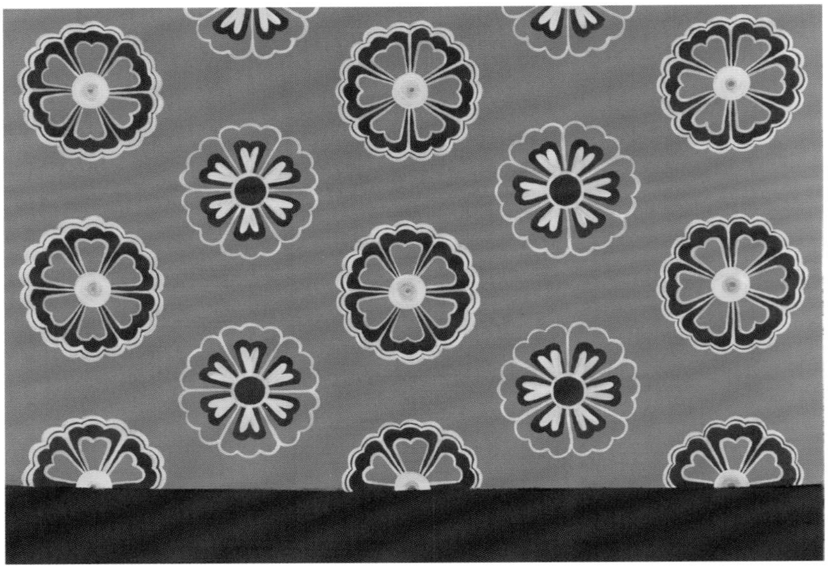

图文：王可

莫高窟盛唐第194窟主室西壁龛内南侧彩塑迦叶尊者裙缘图案

第194窟主室西壁龛内的彩塑迦叶尊者身着袈裟、内衣、裙，此处选取迦叶尊者的裙缘图案进行整理绘制。在豆绿色的地上，两列不同样式的花纹交替排列。一列以淡黄色圆点为花心，墨绿色勾勒出六片花瓣，米黄色和土红色线条穿插勾勒花瓣轮廓；另一列以墨绿色圆点为花心，米黄色勾勒出六片花瓣。整体纹样错落有序，色彩庄重典雅。

图：房娜娜

莫高窟盛唐第194窟主室西壁龛内南侧彩塑天王腹甲图案

图文：崔岩

第194窟主室西壁龛内南侧彩塑天王所穿铠甲结构复杂、图案繁复。这里整理出彩塑天王的腹甲图案。原图案位于天王上身勒甲索到革带之间，处于人物腹部中央的部位。半圆的护腹周围为饱满连续的卷草纹，花纹融合了牡丹、莲花、石榴等多种植物的造型特点，以石青、石绿为主色调，点缀些许白色和熟褐色，以土红色线勾勒而成，其翻卷连绵、密不透风的满铺式花叶呈现了盛唐装饰艺术特有的繁茂生命力。

图：陆冰玉

莫高窟盛唐第194窟主室西壁龛内南侧彩塑天王裤子图案

图文：崔岩

第194窟主室西壁龛内南侧彩塑天王所着铠甲下覆缚裤，彩塑师形象地表现出其膝盖处系扎裤管而形成的褶皱。这样的装束轻便紧身、易于行动，是适合军旅、仪仗等人员穿着的服饰。裤子为淡黄底色，上面装饰着生动自然的散点式花叶纹。花叶纹呈自然生长的对称状，利落饱满的叶子簇拥着三个心形花苞，裤脚处还镶以半团花式缘边。比起上身铠甲的卷草纹装饰，裤子上的花叶纹显得疏朗别致，呈现出主次分明、层次多样的效果。

图：陆冰玉

莫高窟盛唐第194窟主室西壁龛外北侧彩塑力士裙饰图案

图文：崔岩

盛唐第194窟主室西壁龛外的两身彩塑力士像造型准确生动，遒劲有力。北侧这身力士下半身围裹半裙，裙摆随着身体的扭转翻折飘荡，形成强烈的动势。裙子边缘镶有宽阔的二方连续图案，一条为卷云纹，另一条为卷草纹，均具有涌动生长的效果，充分体现了盛唐时期大气磅礴的装饰风格。图案主色为石绿、石青、淡土红、深红和褐黑等色，以冷色调为主的配置符合人物的身份和气度。

图：王晓彤

莫高窟盛唐第194窟主室西壁龛内彩塑佛陀袈裟图案

图：张博　文：崔岩

第194窟主室西壁龛内正中塑倚坐佛像一尊，主尊外披土红底色的田相袈裟，因为披着方式和倚坐姿态的缘故，袈裟的一角在双足间垂下，本图案择取此局部图案整理绘制。袈裟缘边为二方连续式的卷草纹，这是盛唐时期的代表性图案之一。图案造型为波状的枝蔓上生长着繁密翻卷的叶片和花苞，花叶相间，连绵起伏，呈现出勃勃的生机。但是由于第194窟属于盛唐晚期洞窟，图案色彩上已显示出明显的转折态势。图案以石绿色为主，不再使用较多的对比色，配置方式上也舍却了最为经典的退晕法而改为大面积平涂，导致色彩层次及华丽感降低，给人清冷秀丽之感。在田相格中装饰的大团花也不再像之前的宝相花那样层层叠叠，而变为单瓣花苞，显示出当时在造像装饰方面的审美变化。

图：陆冰玉

莫高窟盛唐第194窟主室南壁帝王蔽膝图案

图：张博 文：崔岩

第194窟主室南壁绘维摩诘经变一铺，上部为文殊菩萨与维摩诘居士对坐辩法，下有帝王、各国使臣听法。其中，帝王头戴冕旒、身着衮服，这里选择帝王蔽膝上的图案进行整理绘制。帝王蔽膝上装饰着连续的龟背纹，这是一种边缘呈六边形、酷似龟甲的图案。因为龟甲象征长寿和富贵，所以多使用在纺织品、建筑物和器物上。该图案骨架以联珠分割和构建，每个龟背框架内以石青、石绿两色相间配置，其间填饰深浅不同的六瓣朵花，形成规整、缜密的效果。

图：王晓彤

莫高窟盛唐第194窟主室南壁帝王袖缘图案

图：张博 文：崔岩

图：陆冰玉

第194窟主室南壁帝王上衣袖口处有宽缘边，装饰着二方连续式的卷草纹。唐代卷草纹有许多变化形式，其中一种是只保留波状线形结构和抽象花头的极简式，这里就是其中一例。

莫高窟盛唐第194窟主室南壁南亚王子服饰图案

图文：王可

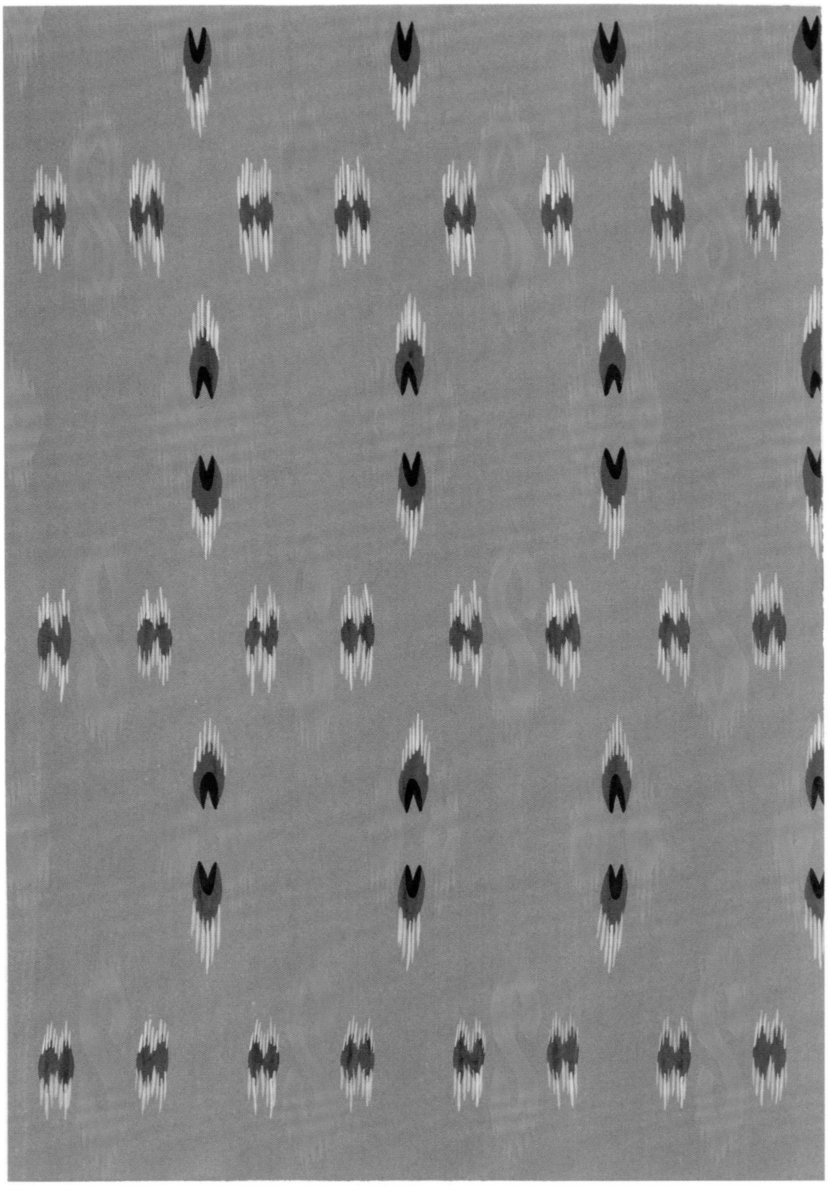

第194窟主室南壁的南亚王子形象穿着具有扎经染色工艺特征的织物。这位赤须王子上身所穿着的服饰图案以沙黄色为地，两种纹样交替排列。一种纹样呈现出石绿色的“S”形，两侧点缀蓝色的“Z”形，辅以排线手法绘制的白线；另一种以两个石绿色的扁平“菱形”左右排列，上下点缀“箭头”形，“箭头”形由内而外分别由深蓝色、蓝色和白色组成，与扎经染色工艺所呈现出来的视觉效果非常相似。

图：张骥瑶

莫高窟盛唐第194窟主室南壁东南亚王子服饰图案

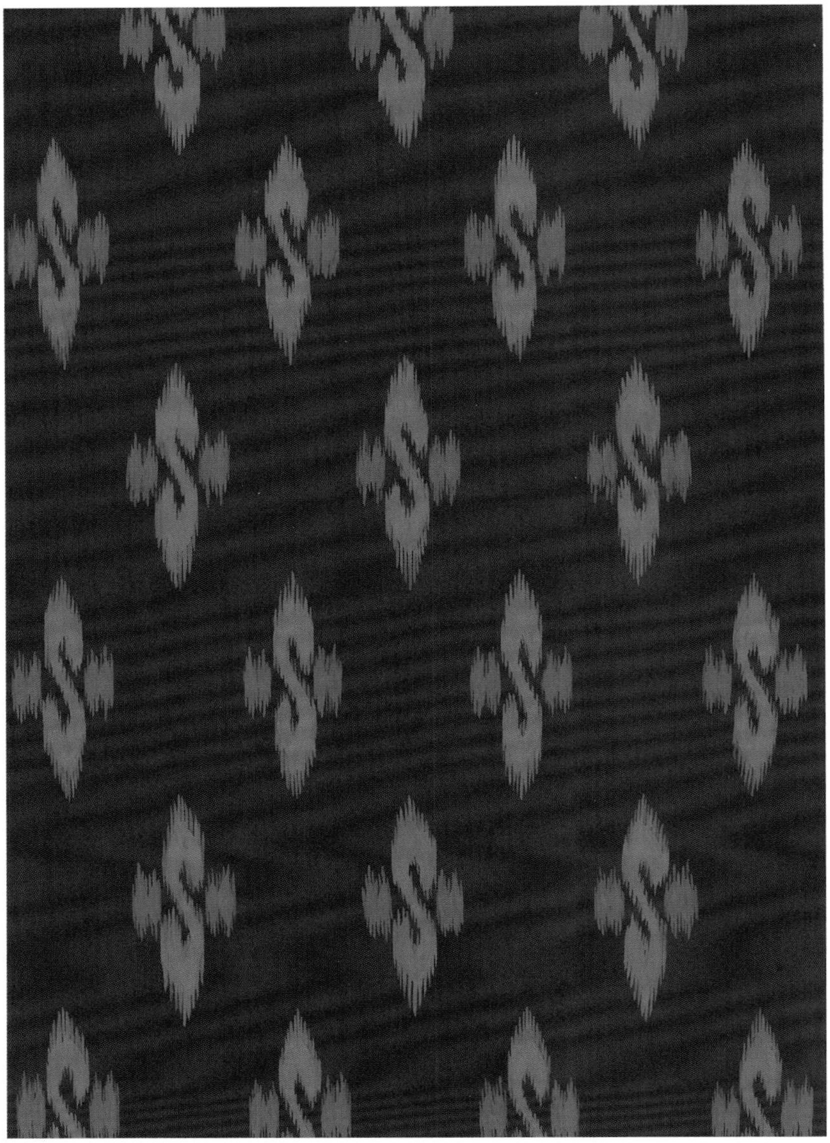

图文：王可

第194窟主室南壁的东南亚王子形象同样穿着具有扎经染色工艺特征的织物。王子上身所穿着的服饰图案以褐色为地，主体纹样为石绿色的“S”形，两侧点缀蓝色的“Z”形。服饰图案都是在纹样的横向或用本色以排线的手法作延伸，增强纹样的模糊感，使图案呈现出参差、模糊、流动之感，与扎经染色工艺所呈现出来的视觉效果非常相似。

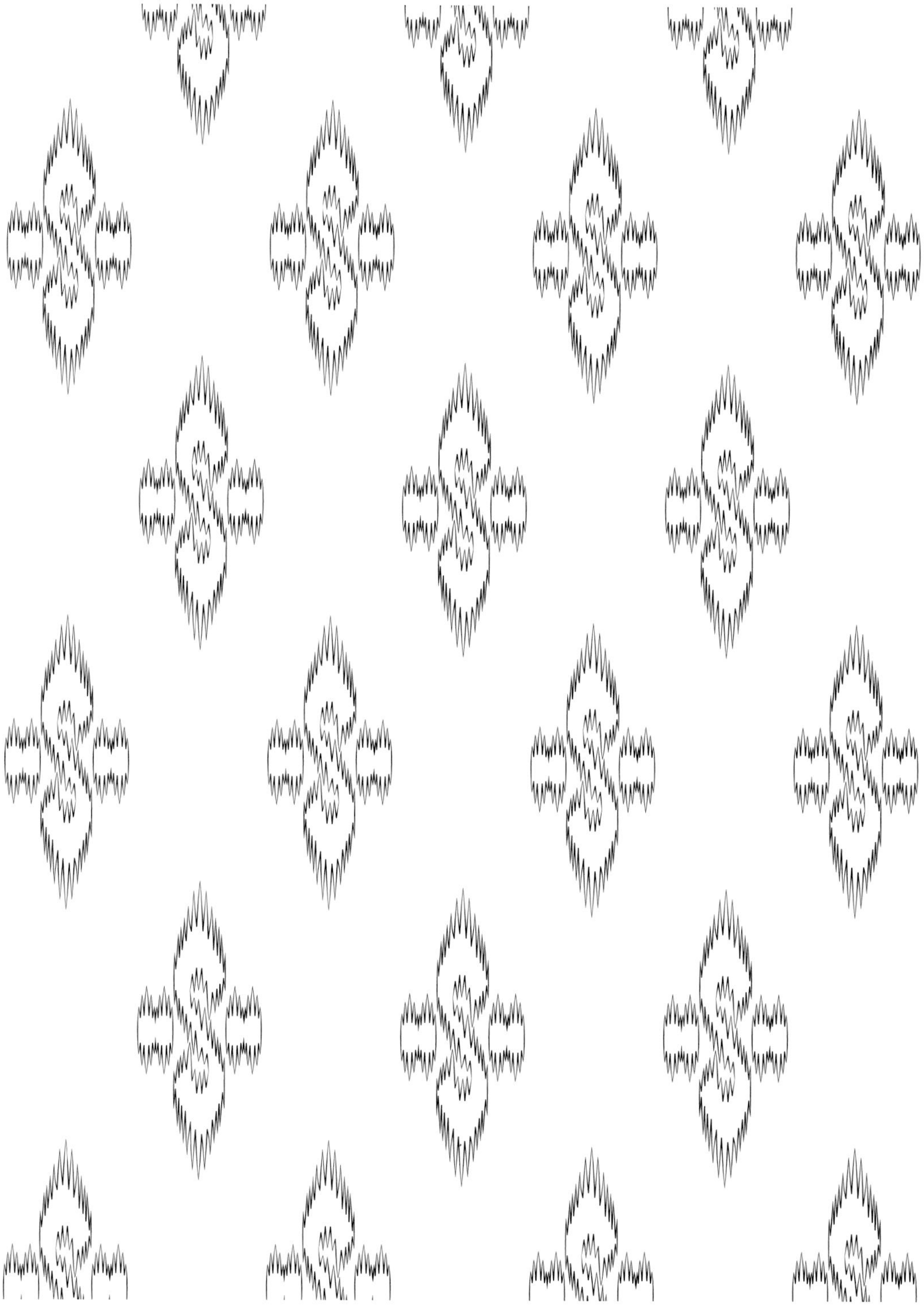

图：郝梦圆

莫高窟盛唐第208窟主室西壁龛外南侧菩萨腰裙图案

图文：常青

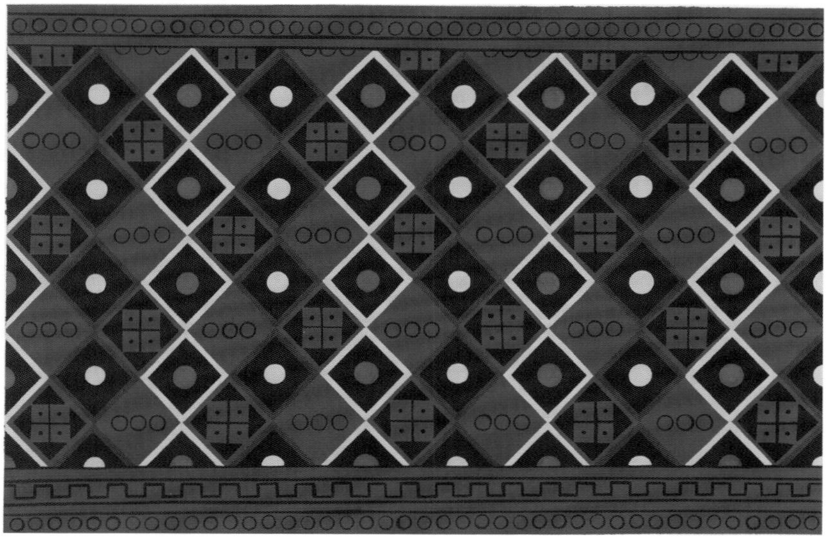

第208窟主室西壁龛外南侧的菩萨下身外裹腰裙，腰裙底色为石青色，整体图案从上到下可分为三段：第一段为赭褐色勾勒的联珠纹；第二段为主体纹样，以赭褐色与浅绿色相间排布的菱形为骨架连缀排列，三种不同构成的几何纹样填饰其中，错落有序，呈现四方连续的构成形式；第三段为赭褐色勾勒的弓字纹与联珠纹。整体图案为疏密相间的几何纹样构成，秩序统一又富有变化。图案绘制参考了常沙娜老师主编的《中国敦煌历代服饰图案》一书的整理临摹稿。

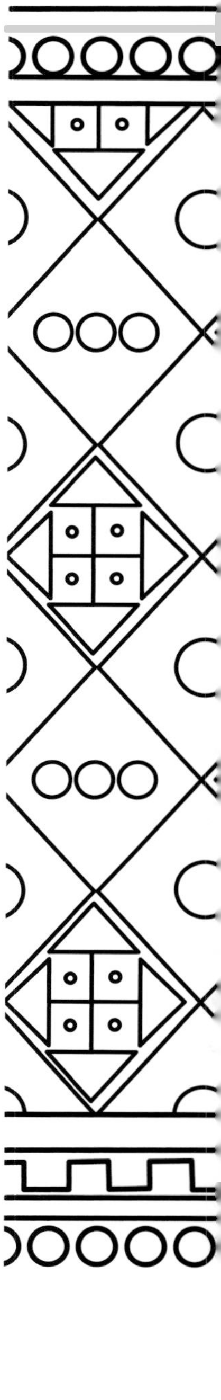

图：杨婧嫱

莫高窟盛唐第208窟主室西壁龛内南侧菩萨腰裙上部图案

图：常青　文：王可

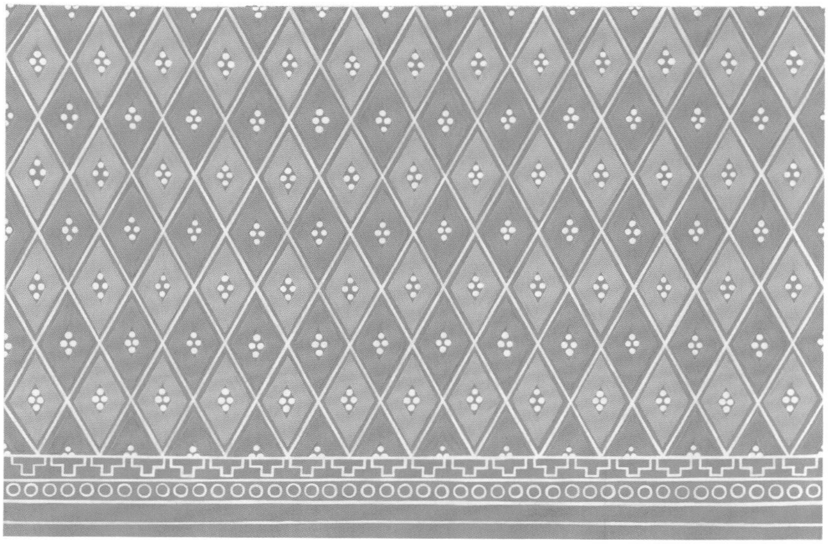

第208窟主室西壁龛内南侧菩萨腰裙的主体图案为菱形，菱形骨架内部填充着与其空间相适应的几何纹样，蓝色和蓝绿色交替排列，在对比变化中保持了统一，呈现出一种清新明快的视觉效果，大小和疏密的变化使图案显得错落有致。图案的边饰采用白线勾勒的弓字纹和联珠纹条带，细致地描绘出弯曲优美的线条。这些边饰不仅为图案增添了装饰性，还在视觉上起到了框架作用，使得主体纹样更加突出。整体图案色彩和谐，细腻的造型和精致的纹样相得益彰，使得腰裙图案既具有装饰性，又不失典雅和庄重。

图：房娜娜

莫高窟盛唐第208窟主室西壁龛内南侧菩萨腰裙下部图案

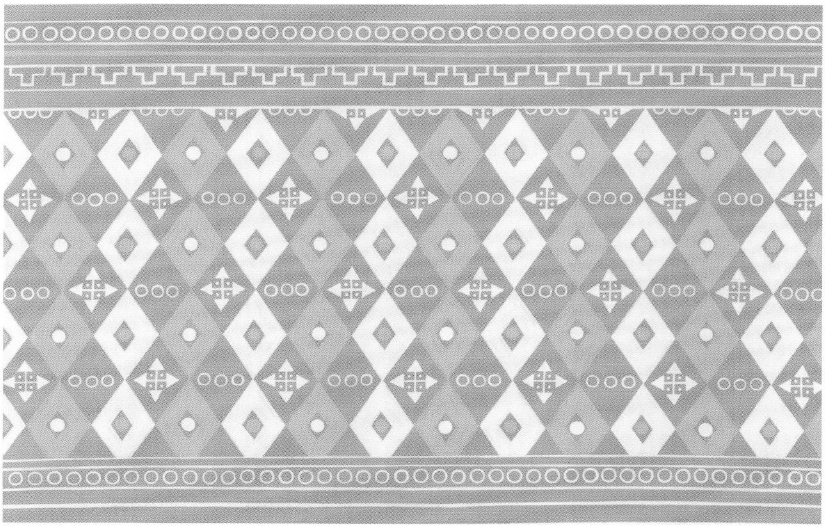

图文：常青

第208窟主室西壁龛内南侧菩萨腰裙下部图案的主体纹样均为菱形，菱形骨架的内部填充与其空间相适应的几何纹样，大小、疏密变化有致，白线勾勒的弓字纹和联珠纹条带作为边饰。整体图案色彩和谐，造型细腻，对比变化中不失统一。图案绘制参考了常沙娜老师主编的《中国敦煌历代服饰图案》一书的整理临摹稿。

图：陆冰玉

莫高窟盛唐第208窟主室西壁龛内北侧菩萨络腋图案

图文：常青

第208窟主室西壁龛内北侧的菩萨上半身披络腋，搭左手腕悬挂下垂，底色为土红色，图案以菱形为骨架交错连缀排列。现将此菩萨络腋的图案进行整理绘制。图案主体纹样是石青色和石绿色箭头相背组成的菱形纹样，菱形内部依空间填饰相应的白色圆点，呈四方连续的构成方式排列，剩余空间按箭头的方向规整排列白色竖线。整体图案疏密有致，均衡灵巧，并呈现出扎经染色织物的视觉特征，展现出中国古代服饰艺术的精美以及染织工艺技术的精湛。图案绘制参考了常沙娜老师主编的《中国敦煌历代服饰图案》一书的整理临摹稿。

图：郝梦圆

莫高窟盛唐第217窟主室西壁龛外南侧大势至菩萨僧祇支图案

图文：王可

盛唐第217窟主室西壁龛外南侧大势至菩萨所着僧祇支纹样精美繁复。图案主体以深蓝色为底色，上绘有墨绿色、深红色方格纹，格子内有白色十字花纹、绿色花心白色点饰的小花以及白点绘制的方形中间饰红点的三种花纹。三者错落排列，色彩稳重典雅，整体结构严谨，同时充满着节奏感。缘边以海棠红为底色，半破式二方连续的团花纹样首尾相连，造型丰腴，地部疏朗。缘边纹样简洁大气，主体纹样方正有度。

图：陆冰玉

莫高窟盛唐第217窟主室西壁龛外北侧观世音菩萨裙身上部图案

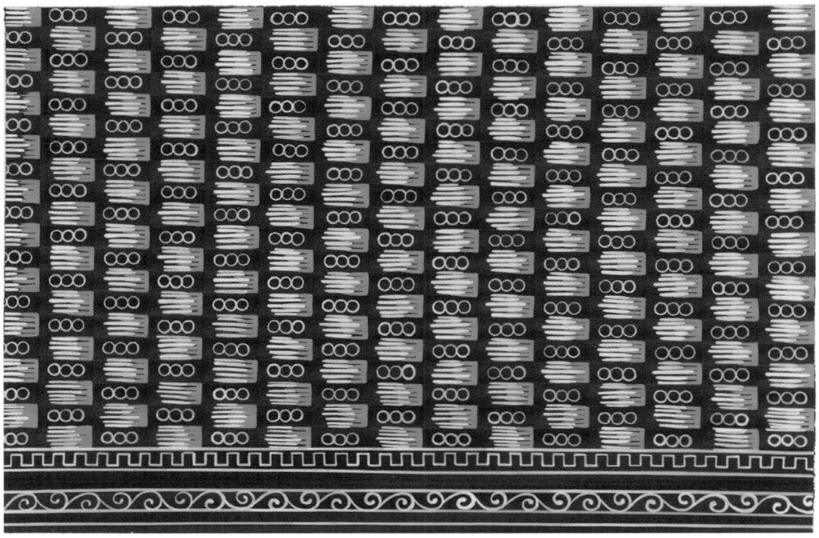

图文：常青

第217窟主室西壁龛外北侧的观世音菩萨，下半身着三段式几何纹织锦长裙，色彩纹样均保存得非常完整。此图案为第一段图案，石青底色，主体纹样为三圆联珠纹及红白绿三色相间排线构成的矩形纹样，两种纹样交错呈四方连续的构成方式排布，弓字形和连续的“S”形曲线纹构成带状边饰。整体图案规整细腻，风格别具一格，充满节奏感。

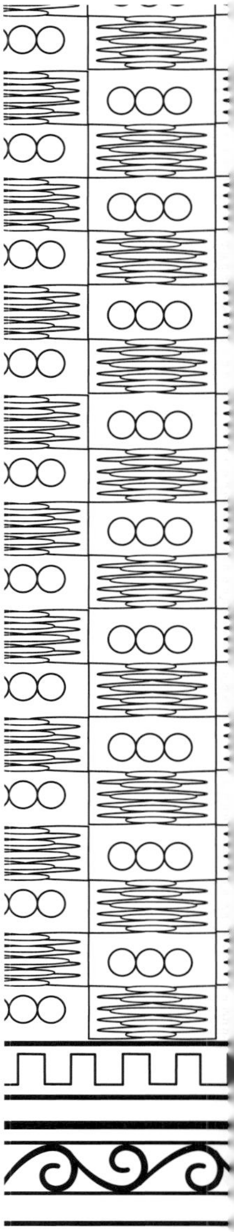

图：张骥瑶

莫高窟盛唐第217窟主室西壁龛外北侧观世音菩萨裙身中部图案

图文：姚志薇

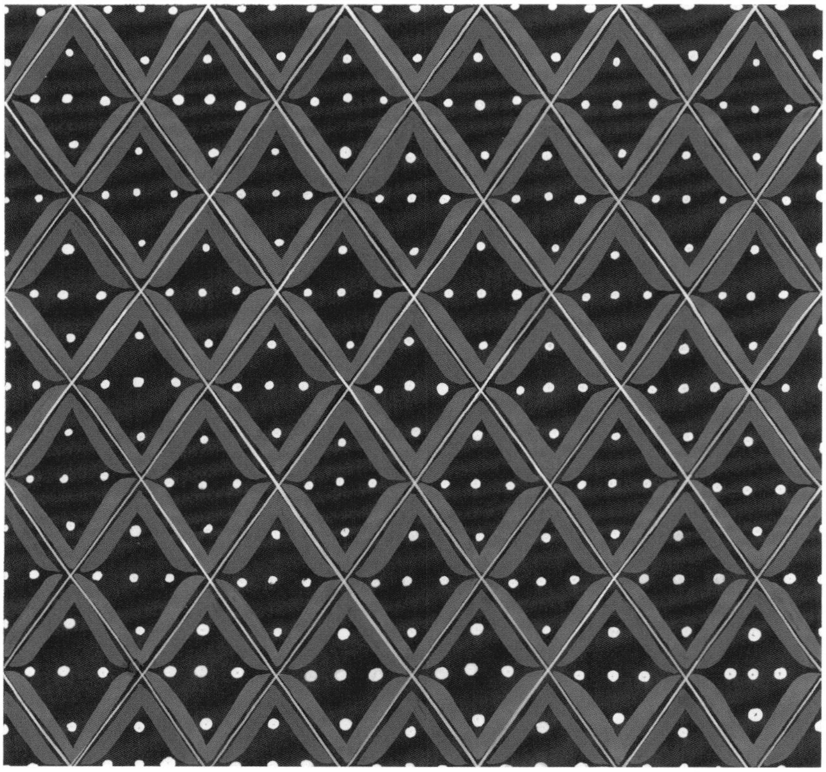

此图案为第217窟主室西壁龛外北侧的观世音菩萨裙身中部图案。图案以四方连续菱格纹样为主，红地上饰有蓝绿菱形纹饰，搭配白色圆形纹样，不仅提升了画面中色彩的明暗关系，也使纹样造型更加丰富。

图：陆冰玉

莫高窟盛唐第217窟主室西壁龛外北侧观世音菩萨裙身下部图案

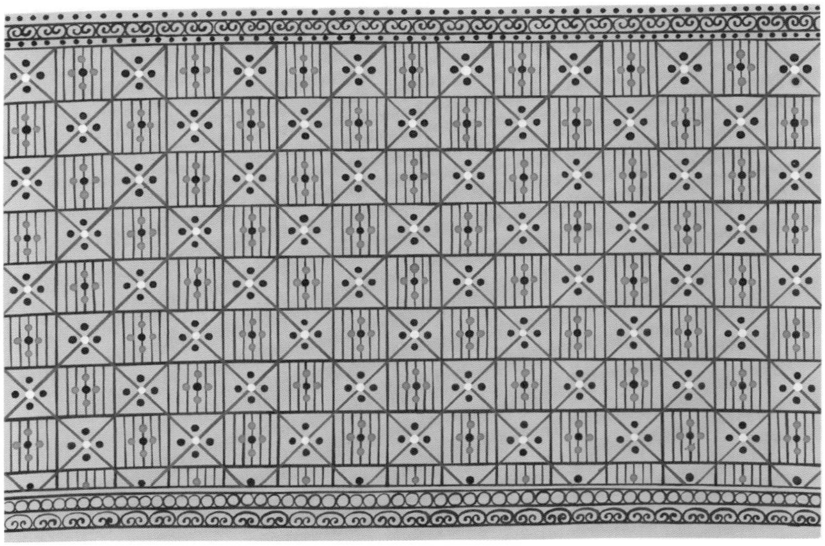

图文：常青

此图案为第217窟主室西壁龛外北侧观世音菩萨裙身的下部图案，石绿底色，赭褐色菱纹与棋格纹相交构成主体纹样骨架，其间点缀竖线及蓝白圆点组成的小花，配色简练，错落有致。联珠纹与卷云纹组成边饰，整体图案对称均衡、规整细腻。图案绘制参考了常沙娜老师主编的《中国敦煌历代服饰图案》一书的整理临摹稿。

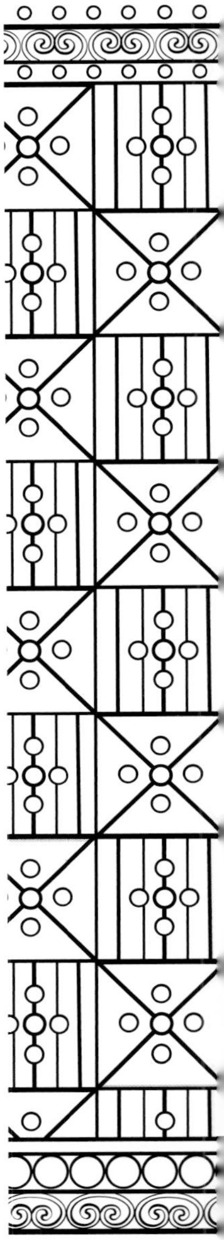

图：吴铃

莫高窟盛唐第217窟主室东壁门上南侧听法菩萨裙身图案

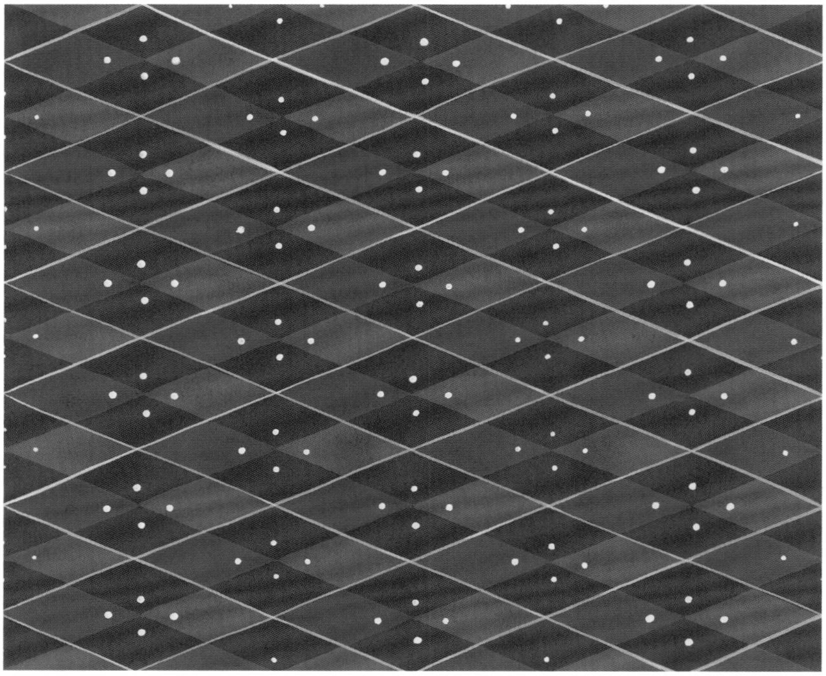

图文：姚志薇

该图案位于第217窟主室东壁门上南侧的听法菩萨裙身处，以土红、石青为主要色调，画家在作画时巧妙使用主色与过渡色，在裙身图案上勾画出晕染效果。后饰白色线条与点状图案，不仅丰富了颜色种类、增加了图案描绘手法，且图案本身也显得俏皮灵动。

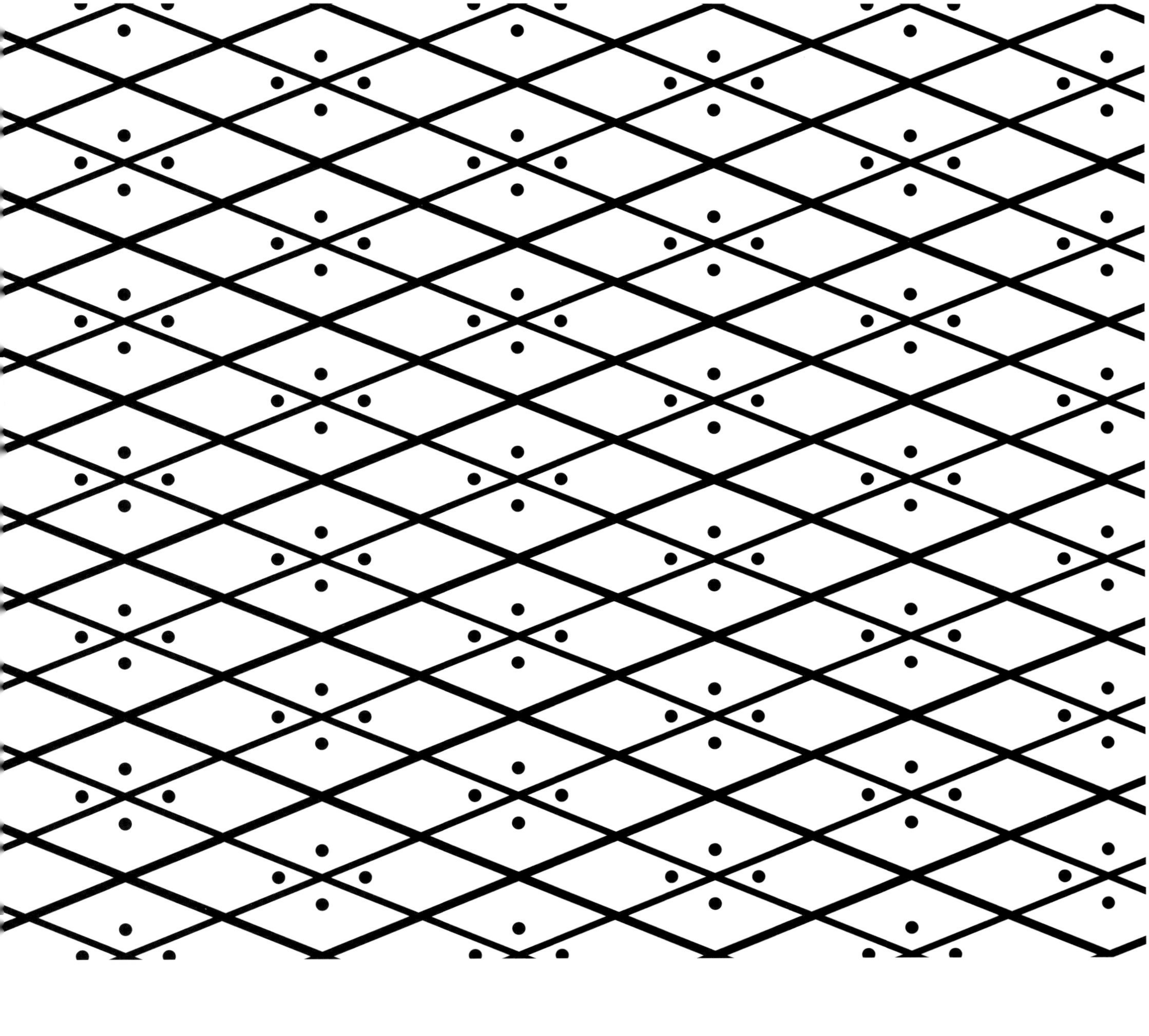

图：陆冰玉

莫高窟盛唐第217窟主室南壁西侧菩萨衣饰图案

图文：姚志薇

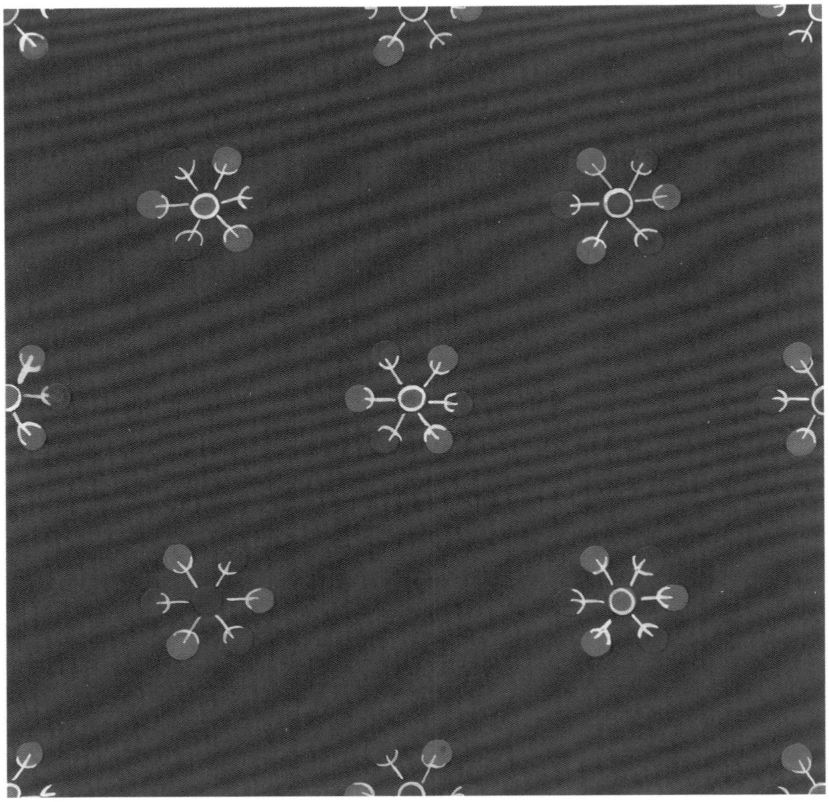

该图案取自第217窟主室南壁西侧的菩萨衣饰。图案以红地蓝绿色六瓣小花造型为主，呈现出简洁、乖巧的造型特质，与盛唐时期花枝繁复的图案风格形成鲜明对比，丰富了盛唐时期图案纹样的品类。

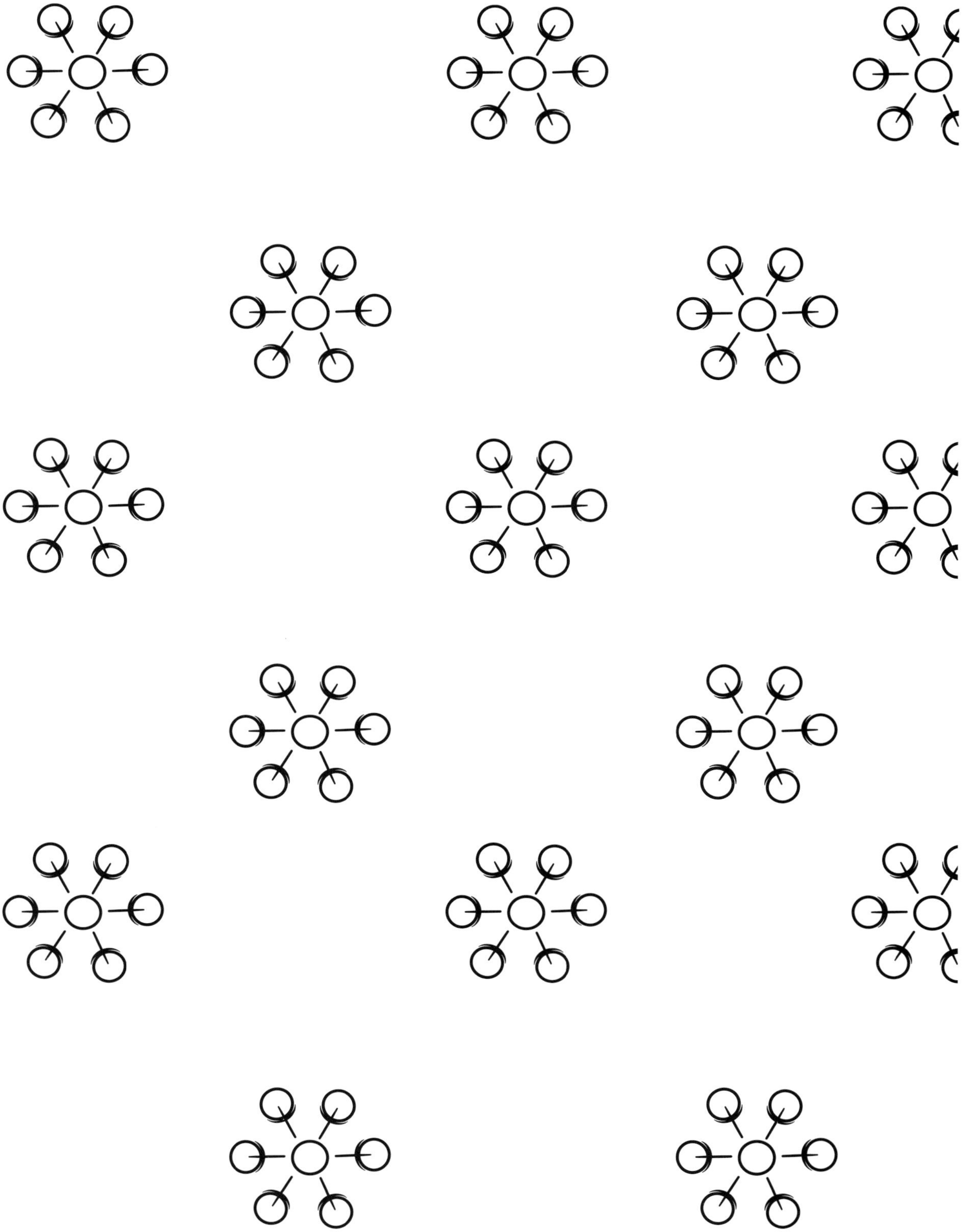

图：王晓彤

莫高窟盛唐第217窟主室南壁西侧菩萨裙身图案

图文：王可

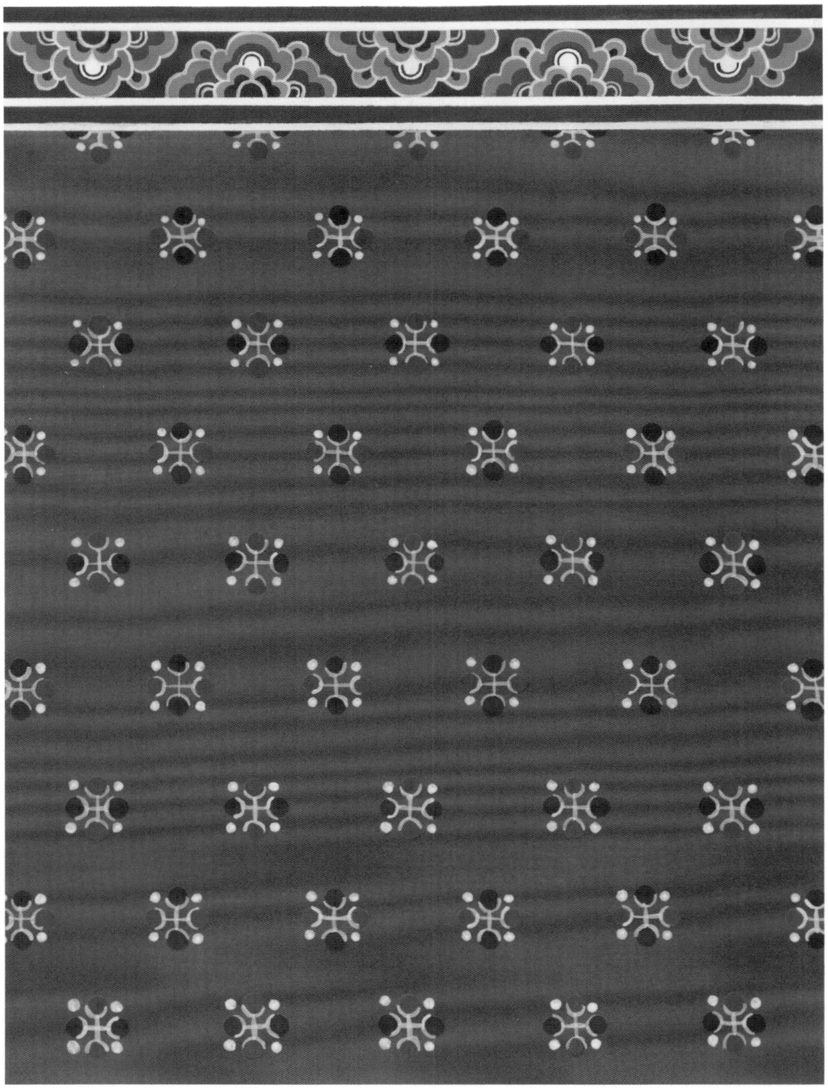

此图案为第217窟主室南壁西侧菩萨的裙身图案。裙饰主体为深红色，图案以十字形为骨架，蓝色和绿色圆点作为花瓣，白线勾勒出十字骨架和花萼，四角装饰白色小圆点，花型小巧精致、生动活泼，呈四方连续规律排列。以白、绿两色色条分隔，在大腿处清晰可见宝相花花纹装饰。裙中缘边以褐色为底色，图案为半破式二方连续的宝相花，使用蓝色、绿色以层层退晕的方法描绘花瓣的递进关系，增添了服饰的华贵之美。这种半破式二方连续的宝相花纹样应该是专门分段织花，再加上色条过渡，以利于裁边的织锦。此类织物在新疆吐鲁番出土的红地中窠宝花锦中就可得见，也更加证明了壁画中所绘纺织品的真实性。

图：王晓彤

莫高窟盛唐第444窟主室西壁龛内南侧彩塑菩萨腰裙图案

图文：高雪

图：张曦瑶

第444窟主室西壁龛内南侧彩塑菩萨的腰裙以蓝、绿、金三色大块面装饰，将这条图案装饰其间，红底呼应裙身色调，花纹由内而外节奏鲜明有绽放之美。外层的蓝色云头花瓣是莫高窟盛唐花纹的独特创造，不仅表现在服饰染织图案中，于洞窟藻井、壁面边饰中也常见这种造型，呈现出富丽、饱满的装饰效果。

莫高窟盛唐第444窟主室西壁龛内南侧彩塑菩萨裙身图案

图文：高雪

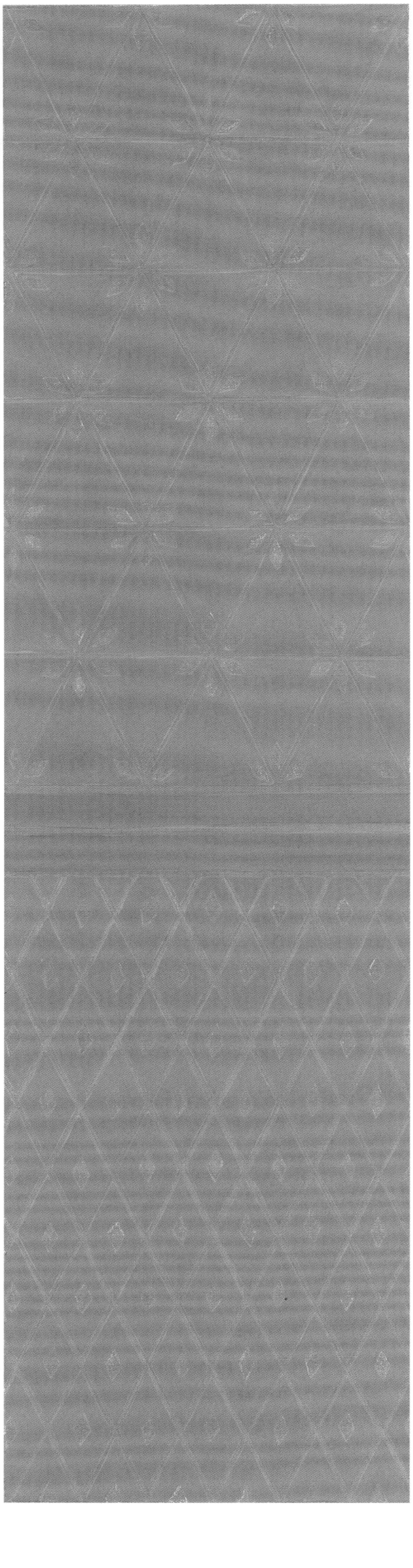

第444窟主室西壁龛内南侧彩塑菩萨的裙身部分，左右各有一竖列的截金图案作装饰，内部空间以小菱形装饰于每一个单元中，并与裙身上相邻的装饰图案之间以色带间隔，视觉效果疏密有致。描金、截金都是敦煌壁画中常用的装饰手法，点缀于色彩鲜明的菩萨服饰上，更显织物的华美。

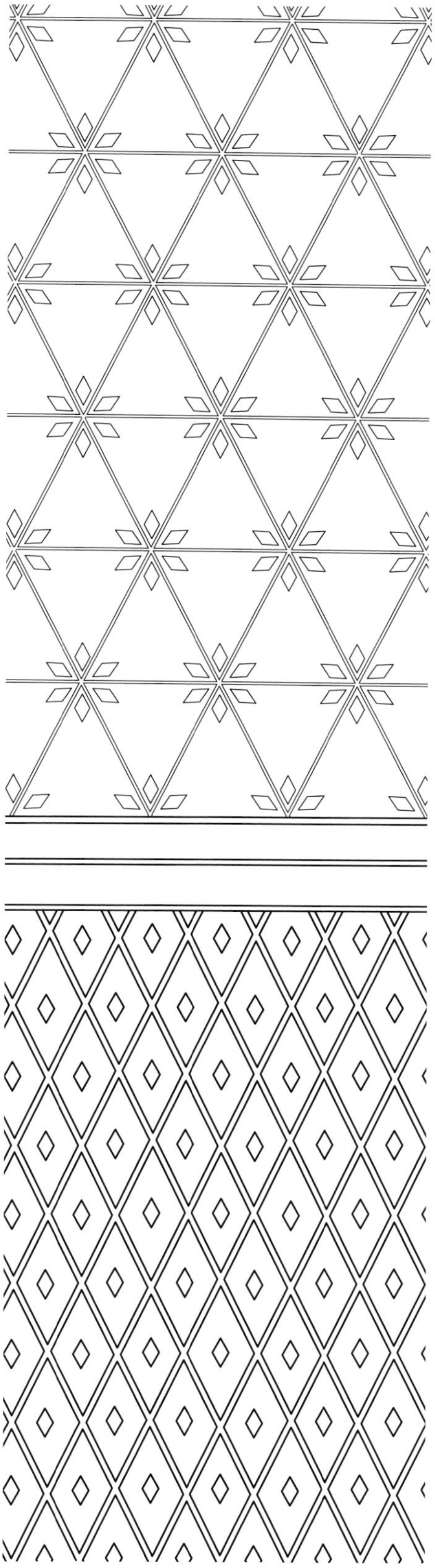

图：郝梦圆

莫高窟盛唐第444窟主室西壁龛内南侧彩塑菩萨裙缘图案一

图文：高雪

图：常青

第444窟主室西壁龛内南侧彩塑菩萨多用金色装饰，在这幅边饰图案中也采用了金色勾线，花瓣层次感鲜明，繁丽动人。作为边饰单元纹样的半花式花型较为单纯，以反复、连续的节奏表现边饰图案整体的美感。

莫高窟盛唐第444窟主室西壁龛内南侧彩塑菩萨裙缘图案二

图文：高雪

图：张骥瑶

本图案为第444窟主室西壁龛内南侧彩塑菩萨裙缘的石榴卷草纹样，写意的石榴果实生长在叶片饱满的波状连续缠枝上，茎叶流畅饱满有张力，石榴卷草填满空间，作正反排列，与枝蔓上饱满的卷叶共呈风动摇曳之姿。色彩以青、绿、朱、褐、白构成，统一协调，节奏鲜明。

莫高窟盛唐第444窟主室西壁龛内南侧彩塑佛弟子衲缘图案

图文：高雪

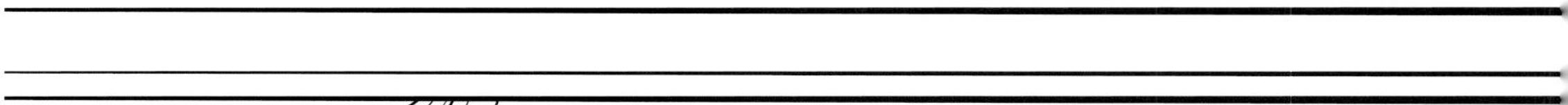

图：郝梦圆

第444窟主室西壁龛内南侧彩塑佛弟子的袖缘图案，由单侧瓣叶片的造型作变化有序排列，图案起伏较小，排列规整，配色上不失唐代锦绣般的富丽感，冷暖相映，是严肃与美观并存的边饰图案。

莫高窟盛唐第446窟主室西壁龛内北侧彩塑胁侍菩萨裙身图案

图文：高雪

图：房娜娜

这组图案装饰于第446窟主室西壁龛内北侧彩塑胁侍菩萨的裙身正面，单元花型用单片大花瓣做底，内绘多瓣小莲花，花心处以石榴造型点缀，与本窟的整体装饰主题相呼应。下方两片叶瓣相对而翻卷，竖排构图一整二破，破开的两半相邻托住完整花型，蓝、绿二色交替排列，与背景色冷暖调和，形成亦花亦叶的效果。

莫高窟盛唐第446窟主室西壁龛内北侧彩塑胁侍菩萨裙边图案

图文：高雪

图：吴铃

这组石榴卷草纹装饰于第446窟主室西壁龛内北侧彩塑胁侍菩萨的裙边，双枝石榴，单簇卷草茎叶交错，叶片舒展，叶端顺应叶片形态自然翻转。石榴果实写意化地表现为多种形态，有单独和叠压两种关系。饱满的果实外形和写意的籽粒装饰成为唐代石榴图案的重要识别特征，富有生命韵律，是唐代对外开放、兼收并蓄、与外来文化交流融合的象征。作为裙饰的边缘装饰，在卷草图案的上、下两侧散布着方向各异的小叶卷草，叶端宽阔多裂，叶片后部回卷，填充负形空间，形成独特韵律。

莫高窟盛唐第446窟主室西壁龛内南侧彩塑天王铠甲图案

图文：高雪

第446窟主室西壁龛内南侧的彩塑天王铠甲整身呈蓝绿主色调。上身对称彩绘石榴卷草纹，果实造型饱满、线条流畅，半圆形护腹甲外边缘施金色，其上装饰多个内绘石榴花型的饱满花瓣，并以龟背纹间隔。图案由上至下，分别是胸前横直两条束甲袢交叉纵束，将图案对称分隔，对称的胸甲内绘有两朵饱满的宝相花，束甲袢两侧对称绘有石榴卷草纹。

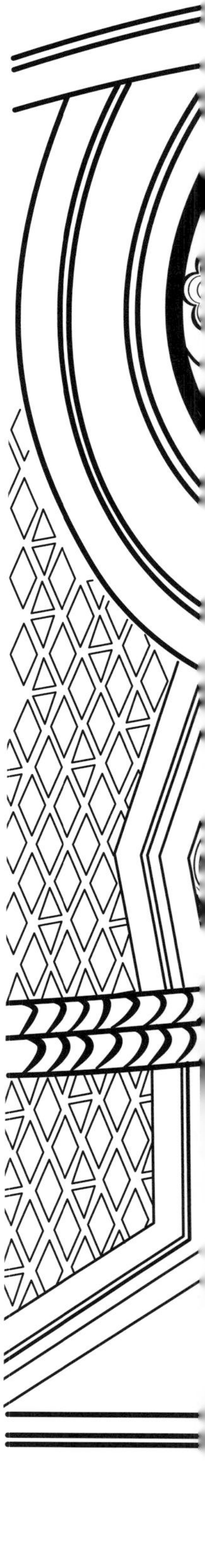

图：陆冰玉

莫高窟盛唐第446窟主室西壁龛内南侧彩塑天王甲裙裙身图案

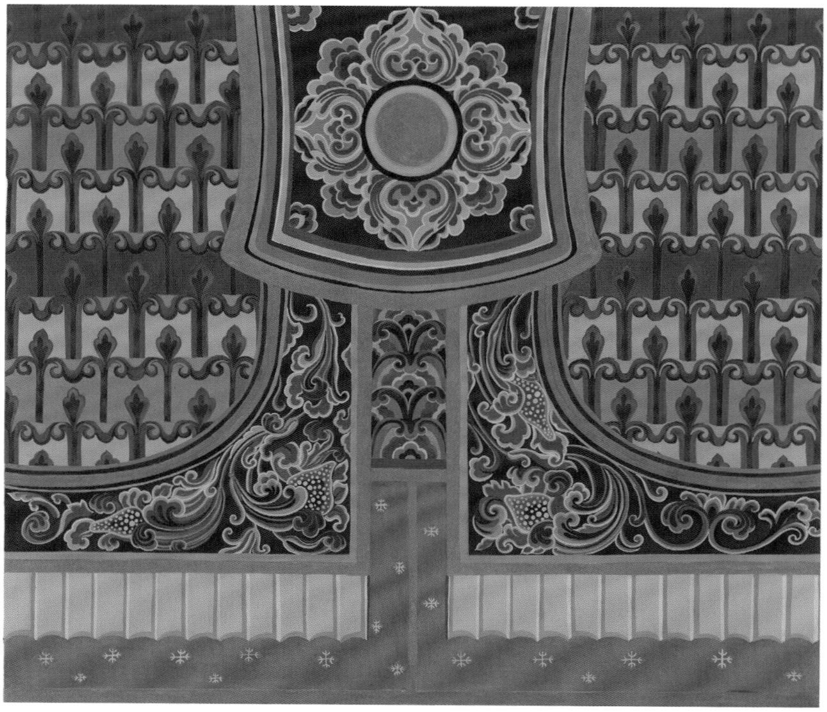
图文：高雪

第446窟主室西壁龛内南侧彩塑天王的甲裙裙身用小甲片规律编制，长条形甲片造型独特，上缘有饱满的下翻云头，内嵌小花，甲片下方左右对称装饰多枝双头的石榴纹，共同构成一幅饱满富丽的天王铠甲服饰图案。袍肚主体以单独花型作适合纹样填充。每一间隔区域由丰富的装饰花纹填充，值唐代经济文化发达之际，装饰风气日盛，宝相花应运而生，装饰于彩塑天王胸甲上，用合瓣、分瓣两种方式丰富了层次。卷草茎叶缠绕，承托石榴纹，结构起伏交织，线条流畅自如，共同构成这幅美观豪华、注重装饰的天王铠甲服饰图案，反映出唐朝国力鼎盛、天下承平的气象。

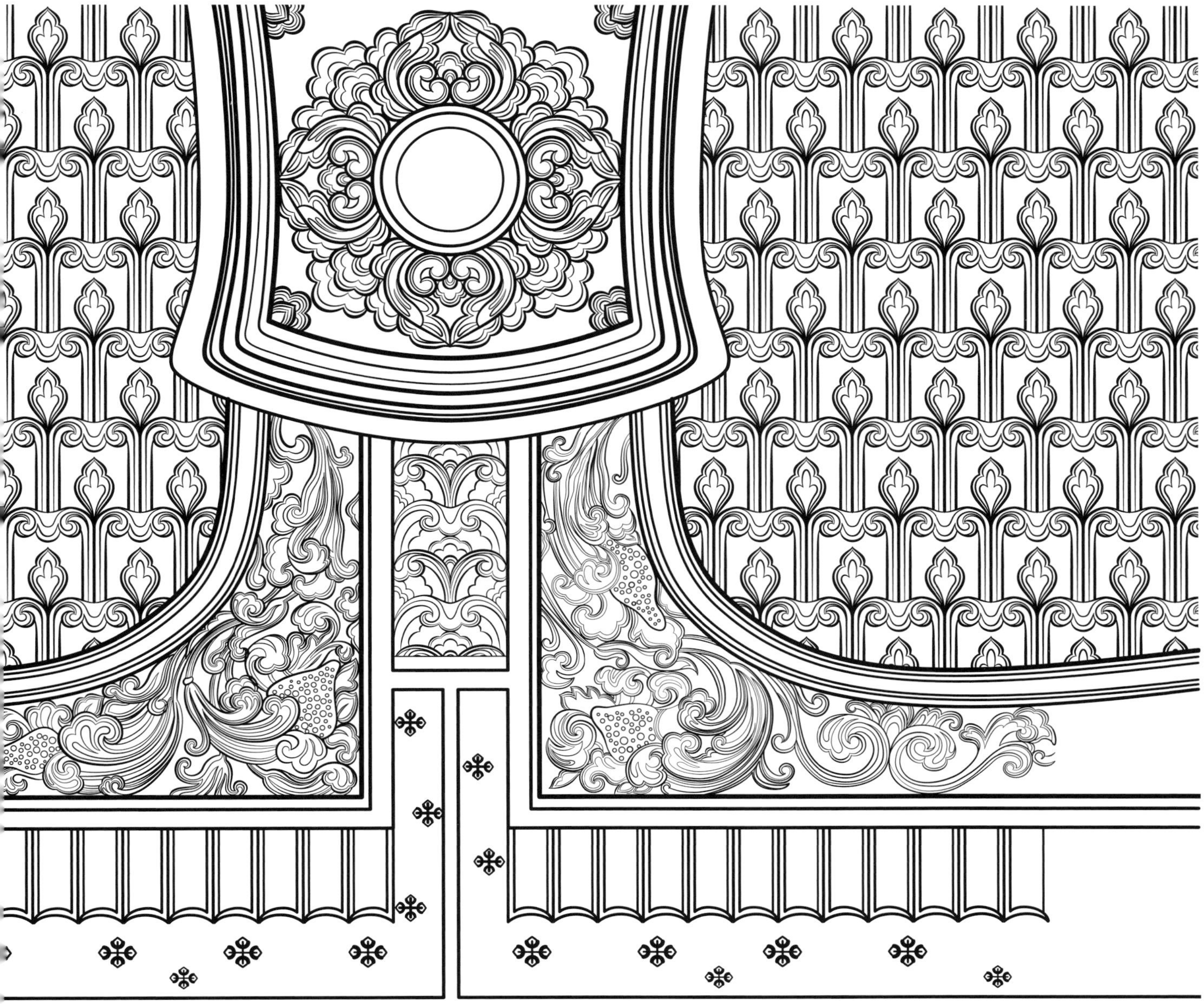

图：陆冰玉

莫高窟盛唐第446窟主室西壁龛内南侧彩塑天王胫甲图案

图文：高雪

第446窟主室西壁龛内南侧彩塑天王小腿胫甲部位的彩绘图案两侧对称。图上所绘为单侧展开图案，以两侧条带为边，表现在塑像上可围合成前后对应的护腿。单侧以金色条带斜向连接，并以此为界分隔出上、下两个装饰空间，上、下各彩绘一个单独卷草纹，设色与整身彩塑色调相适应。

图：房娜娜

中唐

莫高窟中唐第158窟主室北壁举哀图中异域王子长袍图案

图文：崔岩

第158窟主室北壁举哀图中异域王子所穿服饰各异，但其中至少有四位王子的长袍图案是类似的，即此处整理的大团花纹，说明这类图案在西域曾经较为流行，且常在袍服面料中使用。该图案为散点式排列，每一个单元轮廓为圆形，可分为三层放射状装饰带。最中心为四瓣花或五瓣花，外绕联珠纹圈，最外层为单体花瓣。图案色彩十分简洁，均为白底显黑灰色主花。其最大特点为花瓣根部呈锯齿状，具有独特的视觉识别性。这类图案简朴、古拙的风格，显现出凸纹版单色印花工艺的特点。

图：陆冰玉

莫高窟中唐第159窟主室西壁龛下部女供养人服饰图案

图文：崔岩

第159窟主室西壁龛下部的女供养人所穿笼裙内的服饰图案也很有特色，为如意团花纹。该图案为散点式排列，每个单元均以圆点作花心，周围绕以四个或六个如意尖头形花瓣，花瓣相交处有花苞生出，在相互交错中形成秩序感。图案底色为米黄色，其上以石绿色单线勾勒显花，具有精致淡雅的特点。

图：陆冰玉

莫高窟中唐第159窟主室西壁龛内南侧彩塑菩萨披帛图案

图文：孙晓丽

第159窟主室西壁龛内南侧彩塑菩萨的披帛图案采用绵延跌宕的卷草形式，与内层上衣、长裙的散点式纹饰形成鲜明的动静对比，借助纹样题材的变化和形式感的差异拉开了与内层图案的距离。色彩也有别于上衣、长裙图案的浓郁土红色调和深地浅花配色模式，而是采用米白底色、石绿主色的浅地深花模式，土红色与灰色被点缀于石绿环境中，成为活跃氛围的流动色彩。整幅图案既清新明丽，又磅礴大气。

图：吴铃

莫高窟中唐第159窟主室西壁龛内南侧彩塑菩萨僧祇支图案

图文：孙晓丽

第159窟主室西壁龛内南侧彩塑菩萨上身着僧祇支，其图案的主体部分采用菱形网格骨架，作为主题纹样的茶花置于菱形单元内（或骨架线交叉点上），由此实现纹样的错落编排。在土红底色上，石青、石绿两种茶花间隔排列，形成横向个个相间、斜向排排相间的双重规律。领口的茶花纹二方连续以半花的形式为大面积整花环境增加了“碎”与“破”的变化。茶花是敦煌唐代图案的重要题材。在第159窟中，茶花形象不仅出现在服饰图案中，还出现在壁画边饰图案、地毯图案、平棋图案中。这些茶花或正或侧、或整或破、色彩多变，完善了整个石窟的装饰氛围。

图：房娜娜

莫高窟中唐第159窟主室西壁龛内南侧彩塑菩萨长裙图案

图文：孙晓丽

第159窟主室西壁龛内南侧彩塑菩萨的长裙图案以花卉与云为题材，主体花簇、折枝散花、点缀的云朵在面积上呈递减关系，三种形象元素穿插布局，主次分明，错落有致。浓重的土红底色与石绿叶片、浅灰色花头及云朵形成色相、明度的鲜明反差，色调明朗悦目。这幅图案中虽无动物形象和团窠，但依然可以看出“陵阳公样”的影响——主体花簇保留了大致呈圆形的外轮廓和左右基本对称的组织结构，只是图案的整体布局走向分散化，这代表了唐代清秀型花卉图案的典型特征。

图：陆冰玉

莫高窟中唐第159窟主室西壁龛内北侧彩塑菩萨长裙图案

图文：孙晓丽

第159窟主室西壁龛内北侧彩塑菩萨的长裙图案以团花为单元纹样，大小两种团花按九宫格骨架布局——一种布局在方格单元内，另一种布局在骨架线上，由此形成横向单种团花连缀成行、纵向两种团花行行相间的图案形式。两种团花虽采用同一套配色，但不同的色彩配置方法却使它们有了强弱变化。大团花强调土红与石绿的对比，较鲜明突出；小团花强调灰色与石绿的协调，较沉着含蓄。这幅图案构图饱满，格局规整，端严华美。

图：常青

莫高窟中唐第159窟主室西壁龛内南侧彩塑阿难尊者裙缘图案

图文：蓝津津

图：蓝津津

这尊塑于第159窟主室西壁龛内南侧的阿难尊者下着石绿色裙，裙缘饰带状“一整二破”式五瓣团花纹，团花色彩以石绿与浅石青交替排列，错落有致。此身阿难尊者的裙缘形制与图案和同窟西壁龛内北侧的彩塑迦叶尊者一致，其团花表现形式也与同窟西壁龛内南侧菩萨塑像、西壁龛沿边饰图案相呼应。

莫高窟中唐第159窟主室西壁龛内北侧彩塑迦叶尊者袈裟图案

图文：蓝津津

第159窟主室西壁龛内北侧彩塑迦叶尊者身披浅灰色山云纹袈裟。唐代的山云纹多以四方连续的排列形式被广泛绘制在莫高窟中唐的僧侣服饰上，中唐时期的山云纹在唐前期的基础上演变得更为简朴。此塑像上的袈裟略微褪色，田相格的形制也已十分模糊，但其原本绘制的线条仍依稀可辨。石绿色与赭石色的山纹与云纹以层次丰富的形态点缀于田相之间，也从侧面反映了唐后期山水画较唐前期较少使用石青色，而多用赭石色染出的特点。本图案衬托出迦叶尊者行走于天地万物间的脱俗之姿。

图：蓝津津

莫高窟中唐第159窟主室西壁龛下部女供养人服饰图案

图文：崔岩

第159窟主室西壁龛下部北侧绘有多身女供养人像，前四身主体人物均穿笼裙。裙身左侧有倒三角形式的开衩，露出内里套穿的服装局部。因图像信息有限，无法判断该内衣的明确形制，但可以看到其上有丰富的图案装饰，此处整理的散花纹即为其中的一种。图案为散点式排列，单元花纹为上下相背的两道卷勾，弧线两侧相交的空隙中各生出三个点状装饰，似从花叶纹抽象而来。图案为浅黄底色上显红色单线花纹，整体简练而清新。

图：吴铃

莫高窟中唐第197窟主室西壁龛内南侧彩塑菩萨僧祇支图案

图文：常青

第197窟主室西壁龛内南侧的彩塑菩萨所着僧祇支底色为土红色，其上为花叶纹，纹样中心为三朵白色的五瓣小花在叶间盛放，圆润饱满的绿色叶片与白色花瓣在四周簇拥装点，形成近似菱形的对称单元造型。花朵上方盘旋两只飞鸟，周围点缀褐色簇状叶片纹，整体图案丰富生动。僧祇支缘边底色为米白色，其上为半破式二方连续的花叶纹上下交错排列，叶片卷曲呈波浪状包裹花瓣。花叶、花瓣色彩丰富，层次分明。

图：常青

莫高窟中唐第197窟主室西壁龛内南侧彩塑菩萨裙带图案

图文：常青

第197窟主室西壁龛内南侧彩塑菩萨所着裙带以米白色为底，上面点缀交错排列的花叶纹。纹样中灵巧生动地画出了花枝、花叶与花瓣组合而成的整株植物形态，绿色花叶上装点褐色的三瓣、四瓣及五瓣小花，整体色彩清新雅致，生机勃勃。

图：吴铃

莫高窟中唐第197窟主室西壁龛内北侧弟子袈裟图案

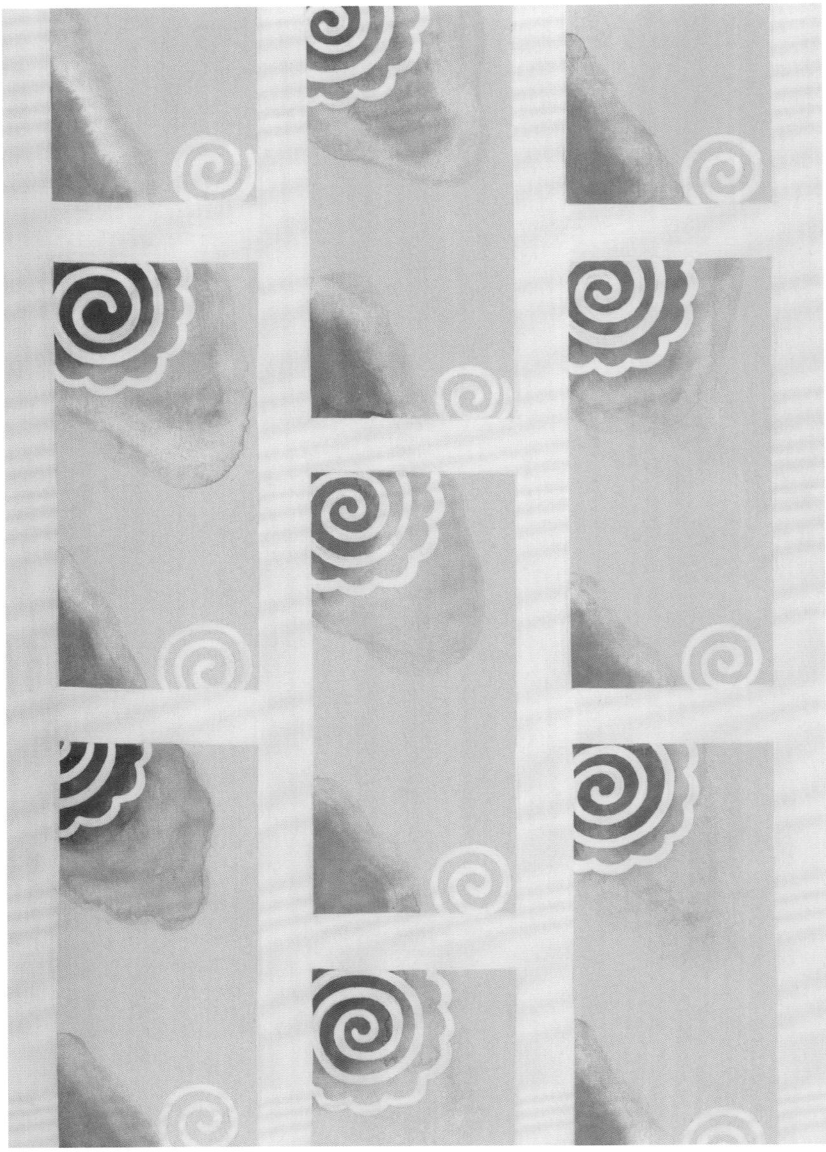

图文：蓝津津

第197窟主室西壁龛内北侧弟子身着通肩式袈裟，其双手向前托举，身上的袈裟图案得以完整呈现。袈裟图案为缬染云纹，整体以浅石绿色为底，上以晕染赭石色与淡褐色的手法来体现袈裟的“坏色”。元照《佛制比丘六物图》对于“坏色”有详细的记载：“律云，上色染衣，不得服，当坏作袈裟色（此云不正色染），亦名坏色。”在莫高窟中唐时期的袈裟图案中，多有以多色晕染来表现袈裟“坏色”的手法。

在构图和配色上，此身弟子与同窟龛内彩塑迦叶尊者的袈裟图案相似，仅在以白色勾勒的云纹上有别。这种云纹以中心向外盘旋绕圈的方式绘制，分布于每一田相单元中的左上角及右下角，排列均匀。相似的云纹绘制手法多出现在唐代洞窟的经变画中，这也体现了敦煌服饰图案与洞窟装饰图案相契合的特点。

图：蓝津津

晚唐

莫高窟晚唐第9窟主室东壁门南侧女供养人长裙图案

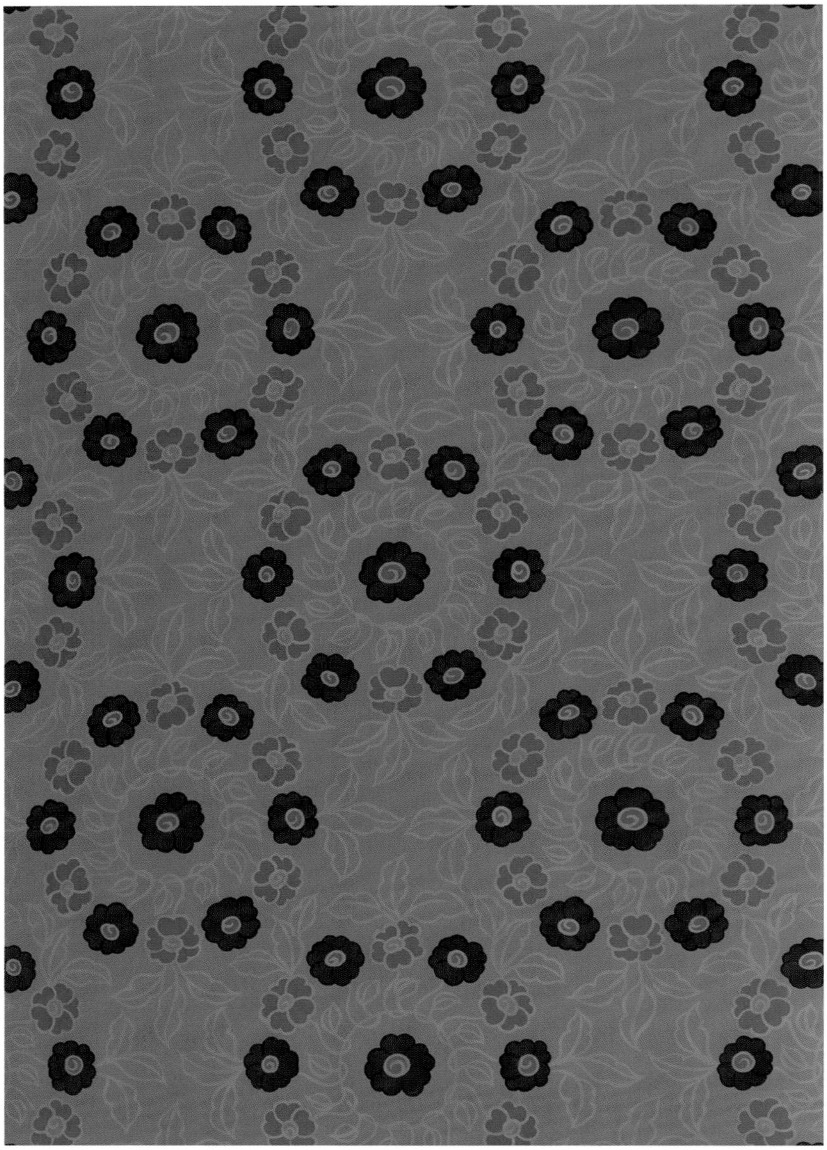

图文：崔岩

第9窟主室东壁门南侧第四身女供养人穿着青绿色长裙，其清冷、素净的格调在这一组女供养人画像中独树一帜。她的长裙图案为四方连续式缠枝花纹，每个单元纹样中央为一朵五瓣花，周围环绕一周由枝叶和五瓣花编织而成的圆环，花叶均向右旋转并间隔排列，再与四周的圆环连绵成一片律动的花海。图案以石青色为底，除五瓣花为墨线勾勒并以褐色填充之外，其他藤蔓与枝叶都用深青色勾线，色彩简练，主次分明。该图案与晚唐第196窟主室中央佛坛北侧彩塑天王铠甲背后的大缠枝花纹，以及日本正仓院藏8世纪花毡图案的组织构图和装饰元素较为相似，说明当时这类图案的流行程度。

图：房娜娜

莫高窟晚唐第9窟主室东壁门北侧女供养人大袖衫图案一

图文：崔岩

位于第9窟主室东壁门北侧的两身女供养人服饰均以红色为主色调，图案细腻，内容丰富，现选取其中一身女供养人的大袖衫图案进行整理。该图案为四方连续式结构，在丰茂的花叶中有展翅飞翔的衔枝对鸟和自由升腾的流云，显得花团锦簇，充满生机盎然的气息。这类花鸟题材的服饰图案在敦煌晚唐五代时期非常流行，在敦煌藏经洞出土的纺织品实物中也不乏这样的图案，如白色绫地彩绣缠枝花鸟纹、淡红色罗地彩绣花卉鹿纹等。此外，在新疆吐鲁番阿斯塔那唐代墓地也出土过类似的花鸟纹锦，可见当时风靡一时的时尚趋势。

图：吴铃

莫高窟晚唐第9窟主室东壁门北侧女供养人大袖衫图案二

图文：崔岩

第9窟主室东壁门北侧第一身女供养人所着大袖衫的图案造型简洁、色彩淡雅。该图案整体以直线形卷瓣花叶纹和曲线为主的花叶云纹横向交错排列，形成硬朗和柔美的鲜明对比，用简练的装饰元素和色彩获得了和谐统一的视觉效果。

图：房娜娜

莫高窟晚唐第9窟主室东壁门南侧女供养人长裙图案

图文：崔岩

第9窟主室东壁门南侧紧随供养比丘尼的第一身女供养人像虽然已经斑驳，但是仍能辨别出其长裙上颇具特色的图案。该图案整体为四方连续式结构，沿着横向对波纹骨架有序生长着卷曲的枝叶，在骨架错落形成的空间里，填充着一簇簇茂密的折枝花。图案以浅米黄为底色，主花以石绿色勾勒或填充，显得淡雅别致。虽然装饰元素较为简洁，但是曲线式骨架和茂密的花叶共同呈现出具有流动感的生命力。图案绘制参考了常沙娜老师主编的《中国敦煌历代服饰图案》一书的整理临摹稿。

图：吴铃

莫高窟晚唐第9窟主室西壁毗沙门天王铠甲图案

图文：王可

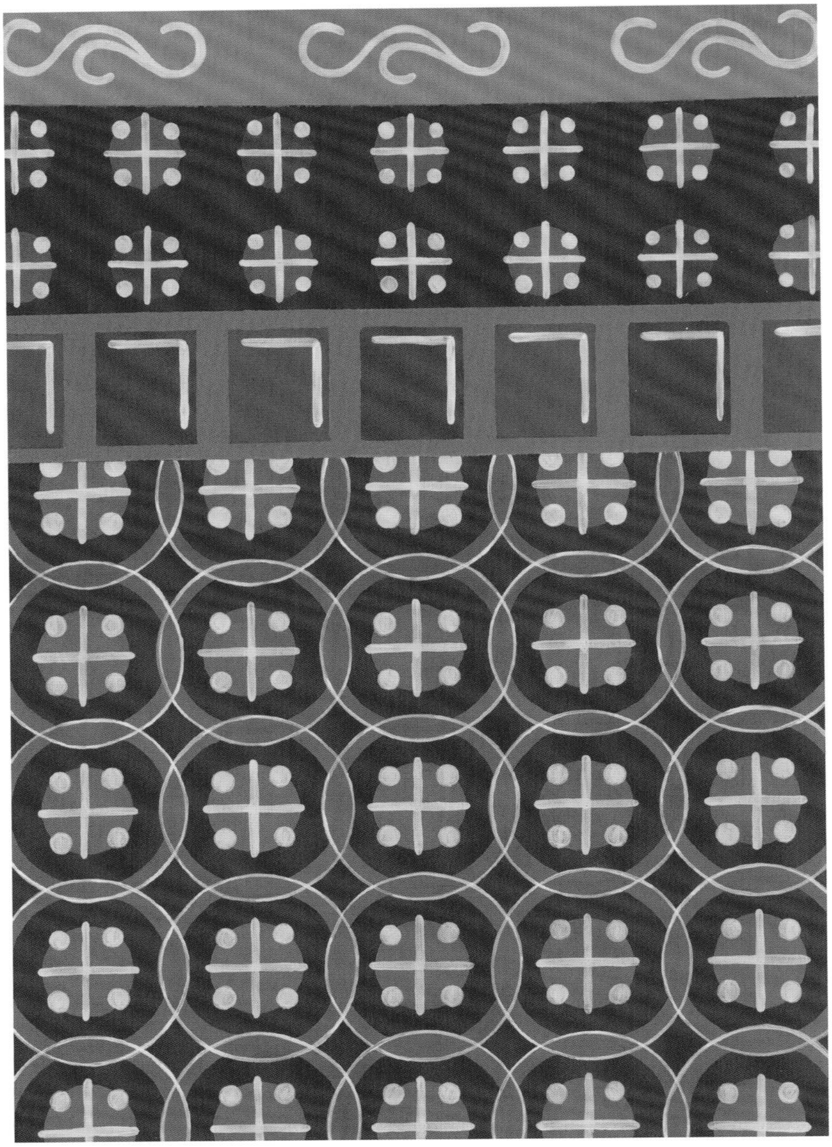

第9窟主室西壁毗沙门天王左手托塔，右手扶腿，身穿“于阗样式”戎装。这里选取其腰部铠甲上的纹样进行整理绘制。腰部两侧护甲纹样以土红色为地，主体图案为灰蓝色和石绿色圆点，其上点缀白色米字小朵花，呈四方连续的构成方式排列，图案疏密有致，均衡灵巧。两侧甲裙上的纹样为连钱纹，各圆相交排列，中间自然形成类似方孔圆钱中的孔洞，每个圆形中间点缀石绿色底的白色米字小朵花。整体纹样简洁典雅，充满秩序感。

图：张骥瑶

莫高窟晚唐第9窟主室南壁风神铠甲图案

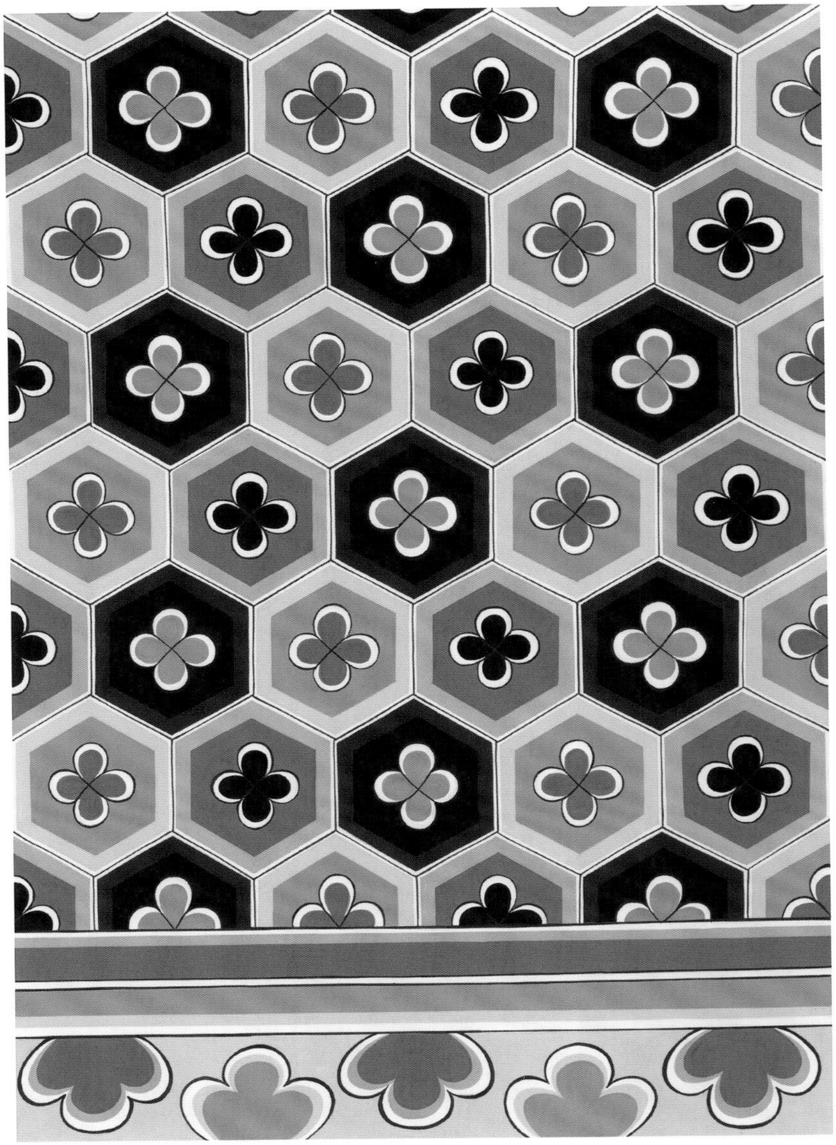

图文：常青

第9窟主室南壁劳度叉斗圣变中舍利弗化身风神，身穿铠甲，披膊部位为石青、石绿、黑三色相间的龟背纹。

龟背纹在敦煌石窟中不仅出现在菩萨、天王、帝王的服饰上，也作为洞窟内其他部位的装饰纹样被大量使用。龟背纹通常作为骨架，以线型或联珠作框架，其内填充几何、朵花、动物等纹样。此处龟背纹用于披膊，取龟背坚硬、牢固的寓意。龟背纹大量出现在敦煌石窟中，体现出敦煌在东西方文化交流中的地位，也显示出当时人们的审美倾向。

图：郝梦圆

莫高窟晚唐第9窟主室南壁外道女腰裙图案

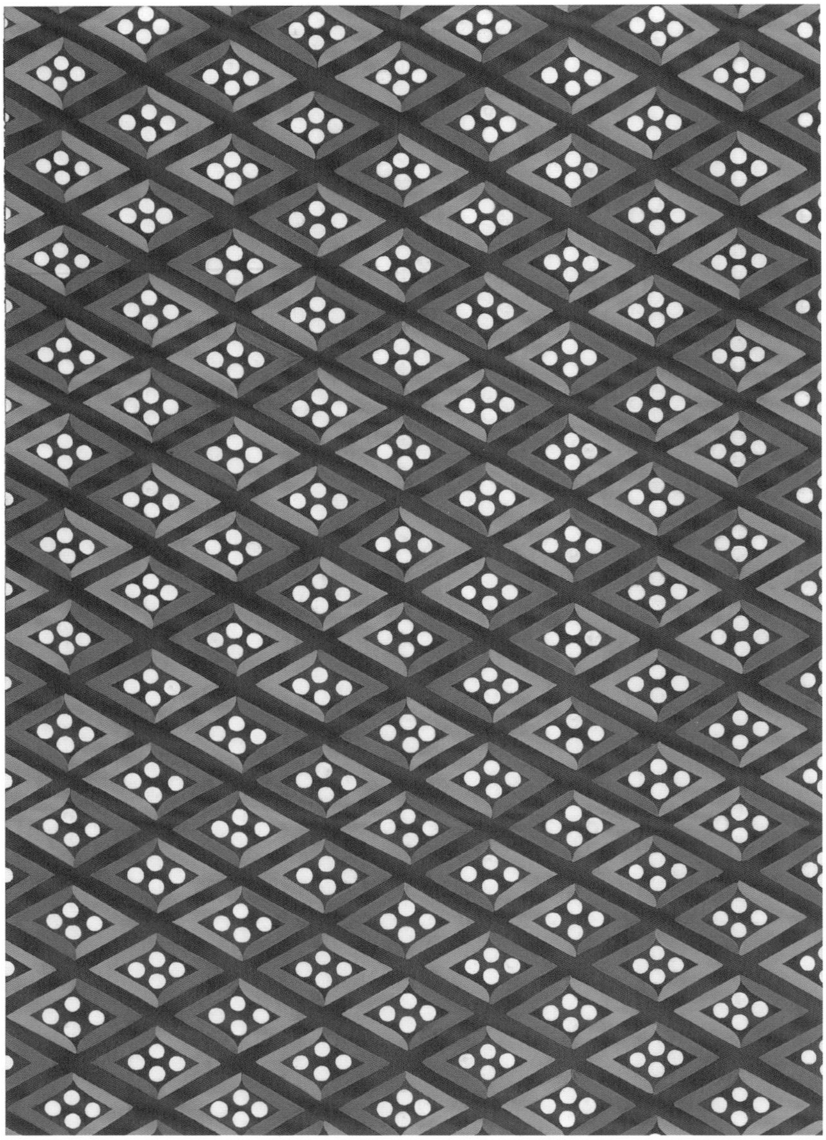

图文：常青

第9窟主室南壁劳度叉斗圣变中的外道女身穿土红底色腰裙，其上为石青色、石绿色构成的菱形图案，菱形内按空间填充四个白色圆点，构成四方连续纹样。这种以菱形为骨架，其内填充白色圆点的图案在敦煌石窟唐代菩萨服饰图案中极为常见，可见这种几何纹样在当时较为流行。

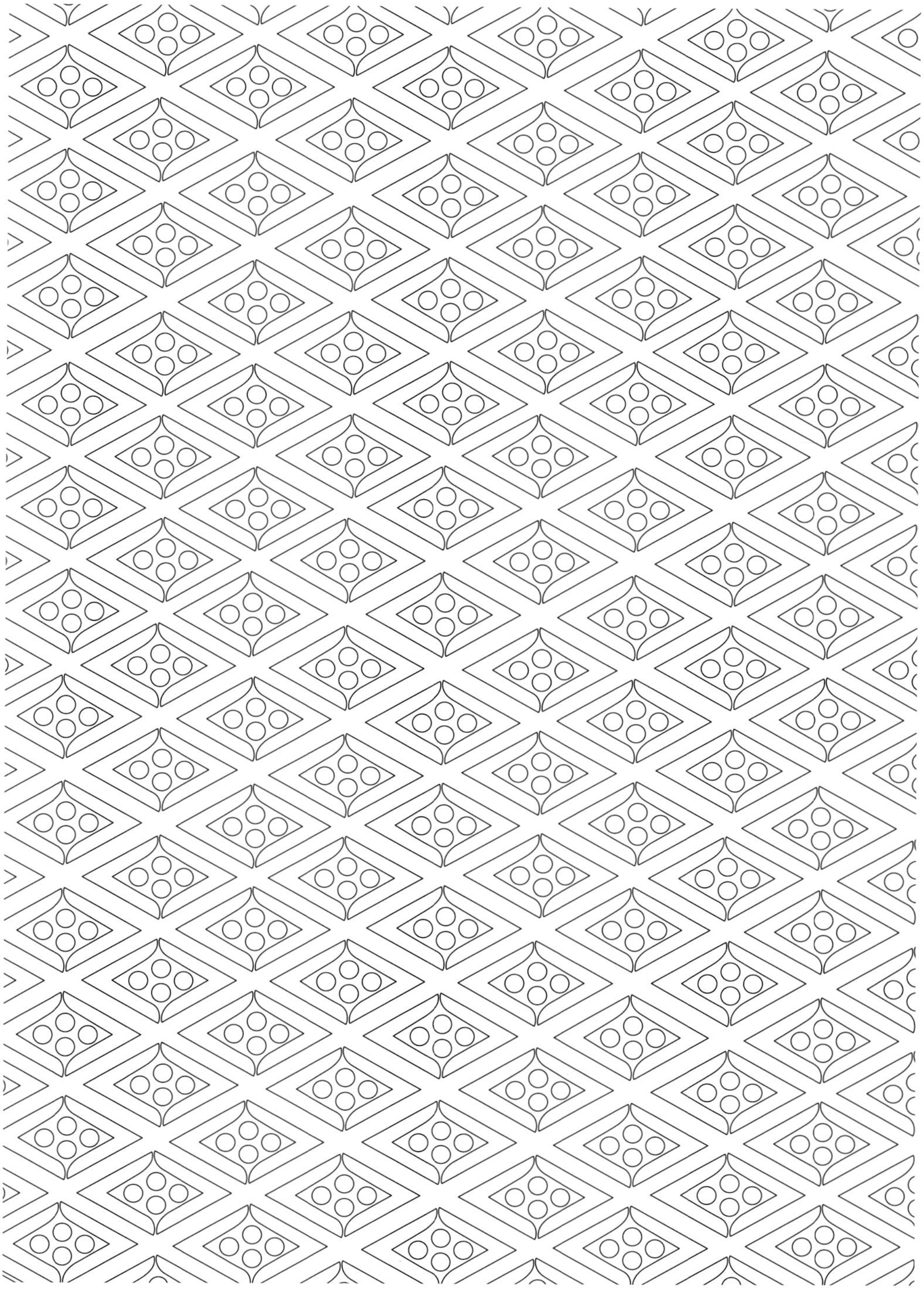

图：张骥瑶

莫高窟晚唐第9窟主室南壁外道女长裙图案

图文：常青

第9窟主室南壁劳度叉斗圣变中的外道女身穿腰裙，内穿石绿色透明纱质长裙，其上点缀石青色、石绿色八瓣小朵花，花瓣内侧为白色，呈四方连续错落排列。整体纹样简洁明快，清新典雅。

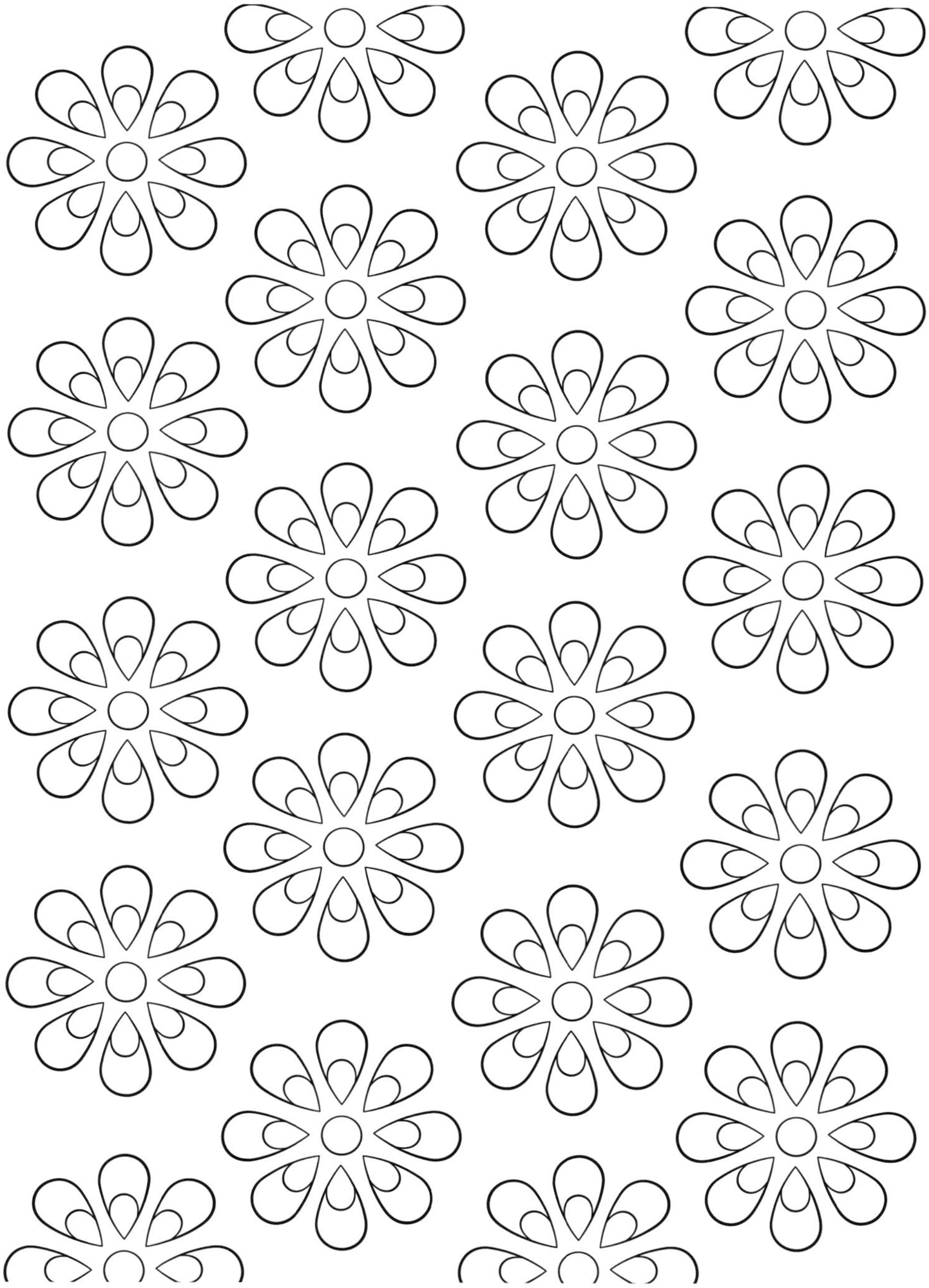

图：房娜娜

莫高窟晚唐第12窟主室东壁北侧女供养人上襦图案

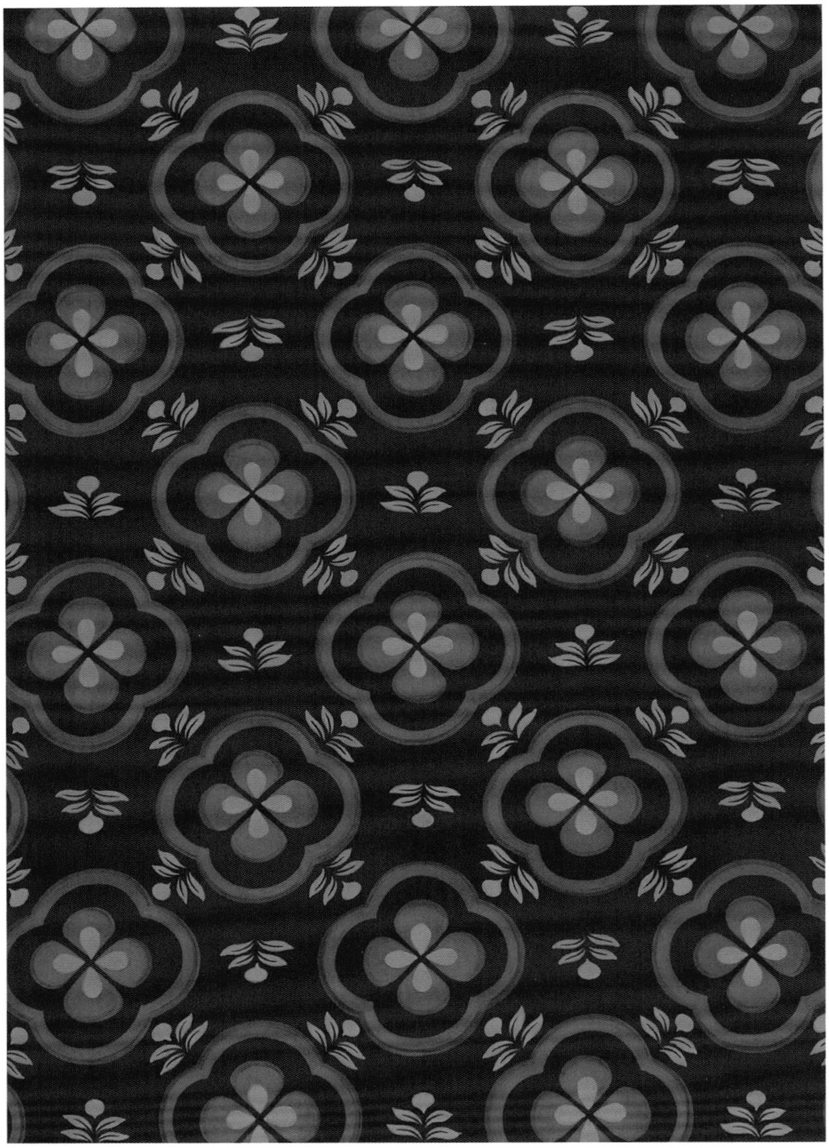

图文：崔岩

此图为第12窟主室东壁北侧第一身女供养人所着上襦的图案细节。该图案为四方连续式排列，在深褐底色上装饰着朱红色和石绿色的四瓣花叶纹。纹样边缘有明显的晕染渐变，从艺术表现上来看与流行于唐代的彩色夹缬工艺效果十分相似，这与敦煌藏经洞出土的唐五代时期彩色夹缬纺织品可以相互印证。

图：吴铃

莫高窟晚唐第12窟主室东壁女供养人长裙图案

图文：崔岩

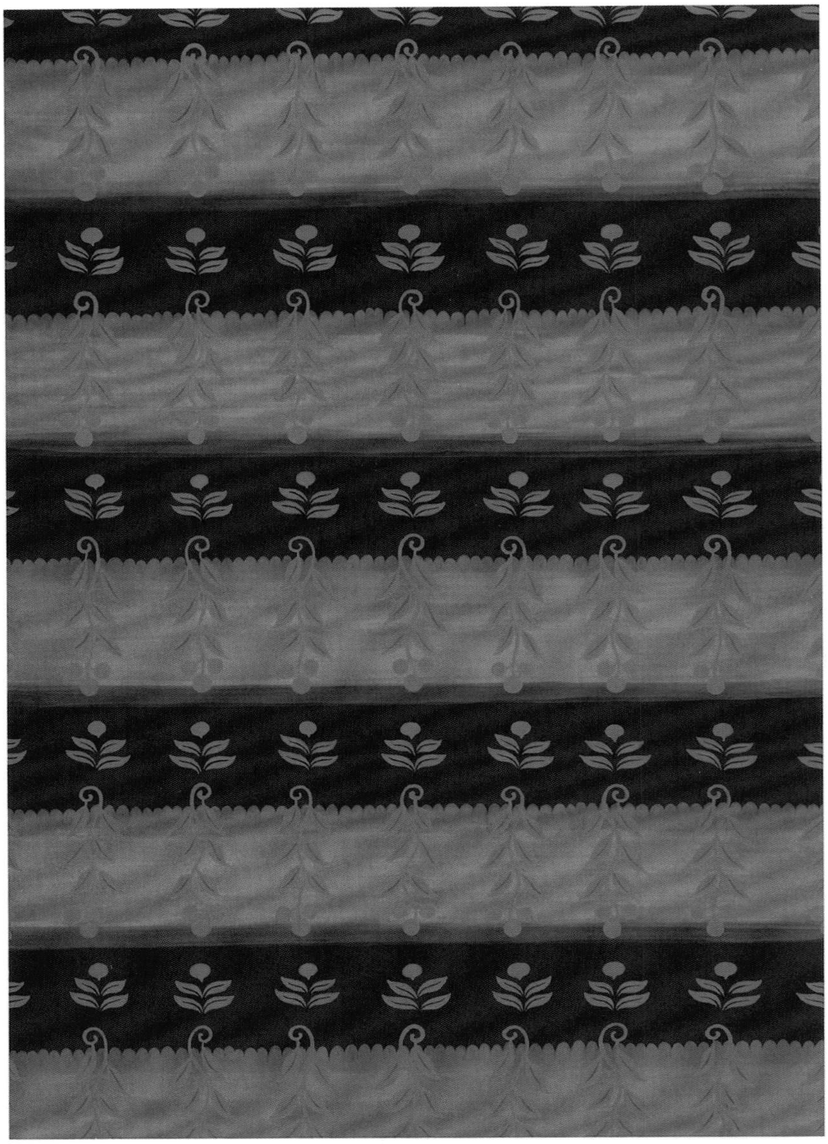

第12窟主室东壁的这身女供养人的长裙图案十分别致，底色为茜红与深褐双色间道横向排列。类似裙式在晚唐第107窟、第144窟的女供养人像中也有表现，高春明先生认为这是古代的“晕裙”。从壁画的绘制效果上来看，这种纹样与扎染中的段染工艺表现十分相似。另外，长裙底色上还有青绿色的竖向折枝花叶纹装饰，在大的暖色块面中透露出清新淡雅的风格。

图：郝梦圆

莫高窟晚唐第12窟前室西壁北侧天王腹甲图案

图文：常青

第12窟前室西壁两侧的天王身着装饰繁复华美的铠甲。根据色彩与纹样判断，此种铠甲应为《唐六典》中所记载的绢甲。绢甲是一种仪仗甲，一般不用于实战，仅为宫廷侍卫与武士礼仪戎服。天王身着华丽铠甲在敦煌石窟盛唐及中晚唐壁画与彩塑中较为多见，其应是受到当时宫廷仪仗服饰及唐代纺织业高度发达的影响。

本图案为北侧天王的腹甲部位图案。腹甲部位为土红底色，其上为繁盛饱满的卷草纹，呈左右对称分布，其中包含石榴、牡丹等纹样造型特点，主体色调为石绿色，以赭石色勾边，整体图案卷曲翻转，充满生命动势。腹甲中间为石绿色、米白色、黑灰色相间的箭头纹样束甲绊，与竖直的勒甲索相交以固定腹部铠甲，这种束甲方式自南北朝时期一直沿用。

图：杨婧嫱

莫高窟晚唐第12窟前室西壁南侧天王护颈图案

图文：常青

第12窟前室西壁南侧天王头戴兜鍪，顿项向上翻卷，颈部戴有厚厚的护颈。在此选取护颈图案进行整理。护颈为土红底色，其上错落排布石绿色与浅蓝色的五瓣小花，花叶饱满，赭石色勾边，并用白色点缀花心、提亮边缘，整体图案色彩对比强烈，生动活泼。此类五瓣小花在敦煌石窟晚唐及五代时期的壁画与彩塑中比较常见。例如，第159窟彩塑菩萨的僧祇支图案、第61窟菩萨的腰裙图案等，是敦煌石窟中晚唐及五代时期较为典型的服饰图案。

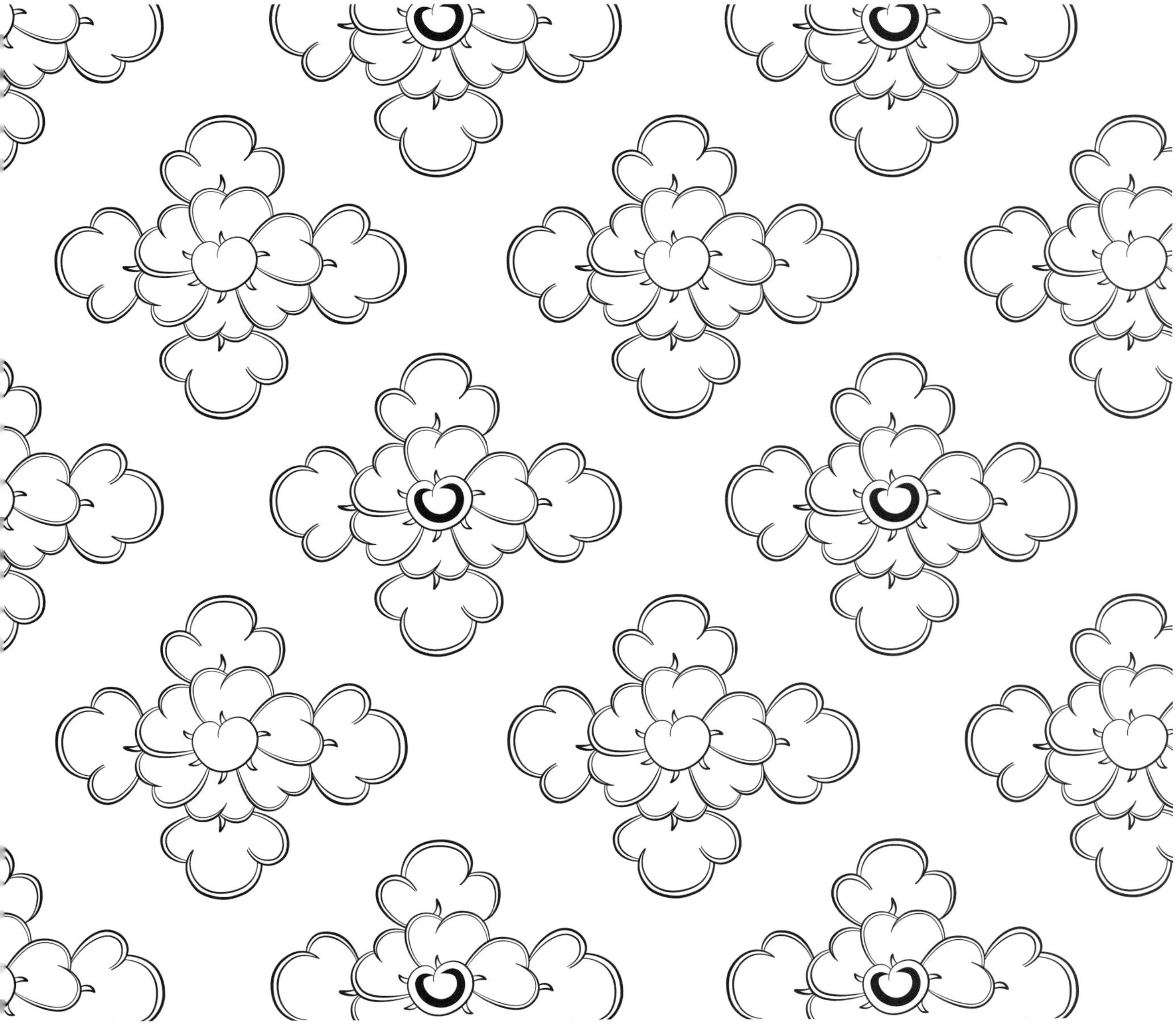

图：张骥瑶

莫高窟晚唐第12窟主室西壁龛外北侧昆仑驭手服饰图案

图文：王可

第12窟主室西壁龛外北侧文殊变中的昆仑驭手穿着具有扎经染色工艺特征的织物。服饰图案以褐色为地，主体纹样为灰蓝色和石绿色的“S”形，用排线的手法在“S”形的纵向做延伸，使得图案呈现参差、模糊、流动之感，与扎经染色工艺所呈现出来的视觉效果非常相似。世俗生活中的“昆仑人”这一形象应是来自东南亚国家，古籍中记述着多个东南亚国家的人们喜爱穿着“白氎朝霞布”“朝霞吉贝”这类织物。“朝霞”这一名称应用于织物上可能源于其是使用扎经染色工艺染织出来的织物，而白氎和吉贝是指棉织物。因此，这位昆仑驭手所穿着的服饰应是棉质的扎经染色织物。

图：张骥瑶

莫高窟晚唐第17窟主室北壁禅床彩塑高僧袈裟图案

图文：蓝津津

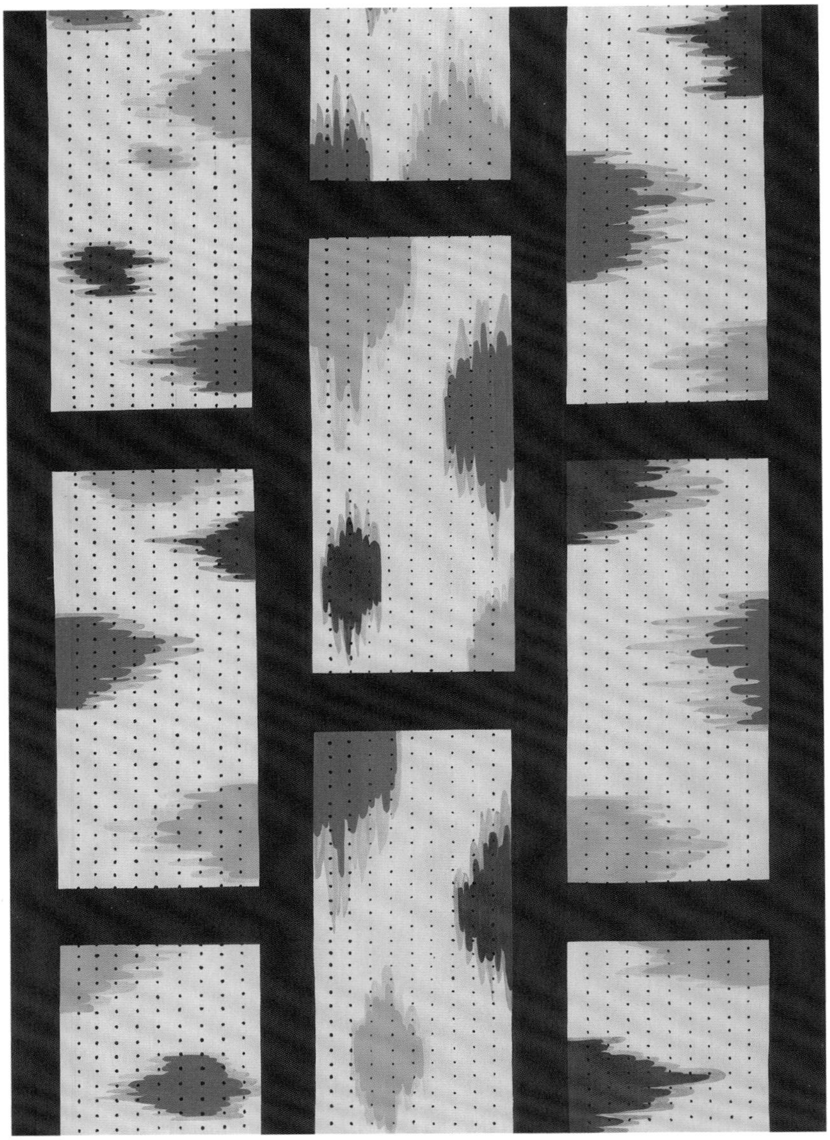

第17窟主室北壁前设有一长方形禅床，一身高僧结跏趺坐于此，即吴洪辩像。此洪辩真容像推测为其弟子悟真等所塑。禅床上的洪辩气定神闲、目光睿智，身着通肩式田相格袈裟。塑像上的僧衣已斑驳褪色，只依稀可辨其袈裟图案为石青色、石绿色及褐色颜料所绘的树皮纹（树皮纹即树皮袈裟的图案）。唐时制作袈裟有一种名为“织成”的工艺，即以单色为经线、多色为纬线相互交织，最终呈现如树皮状的杂色块。树皮纹自唐前期就已广泛分布于莫高窟的袈裟形象中，这尊洪辩塑像上的树皮袈裟以浅灰色为地，上有虚线示意的绗缝针迹，整体针迹随衣褶走向自然游走，衬托出洪辩镇定自若、“专心禅修”之态。

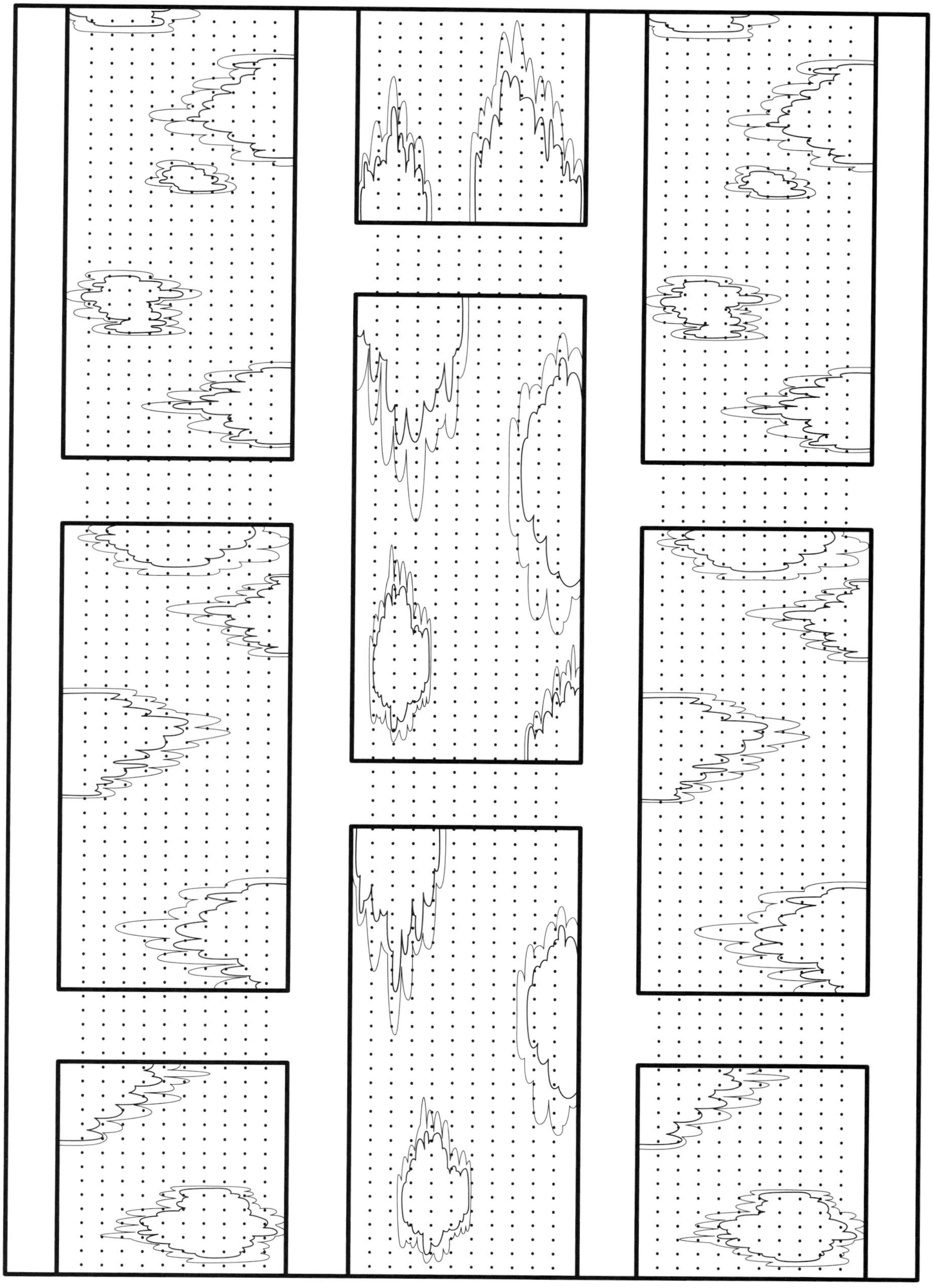

图：蓝津津

莫高窟晚唐第138窟主室东壁女供养人大袖衫图案

图文：孙晓丽

第138窟主室东壁女供养人的上衣图案以山雉为主体纹样，雄雌二雉各为一个纹样单元。雄雉有花冠和华丽的羽翼，色彩凝重丰富；雌雉造型较简练，色彩洁净单纯。虽然单侧衣袖上的雌雄二雉采用了纵向排列法且朝向相同，但左右衣袖上的山雉纹却因朝向相反而构成了两两相对的形式，由此可见中国传统图案设计中“对偶”观念的深刻影响。这幅图案的主体部分以深色做底，以富有流动感的曲线描绘山雉和花草，庄严而不失活泼，袖口明艳的散点式花边则使整幅图案显得更加华贵精美。

图：吴铃

莫高窟晚唐第196窟主室西壁外道女上衣图案

图文：常青

第196窟主室西壁劳度叉斗圣变中的外道女身穿深赭红色上衣，其上为深红色与石绿色同心圆印花图案。图案外圈为深红色圆环，内圈的石绿色圆环上绘有白色联珠纹，石绿色圆心中间点白色圆点，白点发出放射状白线与联珠纹连接，整体图案布局呈四方连续构成。

图：杨婧嫱

莫高窟晚唐第196窟主室西壁外道女腰裙图案

图文：常青

第196窟主室西壁劳度叉斗圣变中外道女所着腰裙上的图案为菱形网格底纹，其上为石绿色圆环绘白色联珠纹印花图案。

联珠纹在敦煌石窟隋唐时期壁画及彩塑上大量出现，并演化出多种样式。这种呈中心放射状同心圆或者半同心圆的联珠纹图案形式在敦煌壁画初唐、盛唐时期人物服饰上均有出现，在中晚唐时期极为兴盛。联珠纹样在敦煌石窟的出现佐证了敦煌在中外文化交流中的地位，也从侧面反映出唐代高度发达的纺织业以及大唐兼容并包的文化态度。

图：王晓彤

图文：常青

图：吴玲、杨婧嫱

敦煌藏经洞出土的唐代绢画引路菩萨整体保存完整，图案清晰，色彩鲜艳。引路菩萨身披橘红色晕染天衣，其上为半破式二方连续团花纹样相间分布，花心为橘红色，内层花为深蓝色花瓣，外层花为绿色花瓣，主次分明，对比强烈。

菩萨身着橘黄色长裙，裙缘底色为红色，其上为半破式同心圆纹样上下交错排列，外圈为深蓝色半圆，内圆心为深绿色，中间白线呈放射状分布。

从这两部分图案的整体呈现来看，与唐代流行的夹缬与木版印花工艺所呈现出的纺织品效果非常相似，可见此天衣、长裙缘边图案是当时高超的纺织品印染工艺的客观体现。

图文：常青

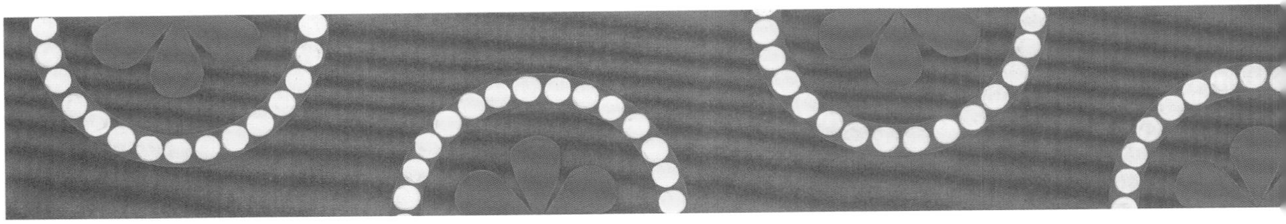

图：房娜娜

敦煌藏经洞出土的唐代绢画持柄香炉菩萨身披橘红底色天衣，其上为半破式二方连续联珠纹上下交错排列。圆心为绿色三瓣花，外圈为绿底白色联珠纹，整体图案简洁典雅。这类半破式或半圆式纹样在敦煌石窟隋唐时期较为多见，多分布于菩萨、弟子服饰的缘边或菩萨的天衣等条带状部位作为装饰。

敦煌藏经洞出土唐代绢画水月观音菩萨僧祇支与长裙图案

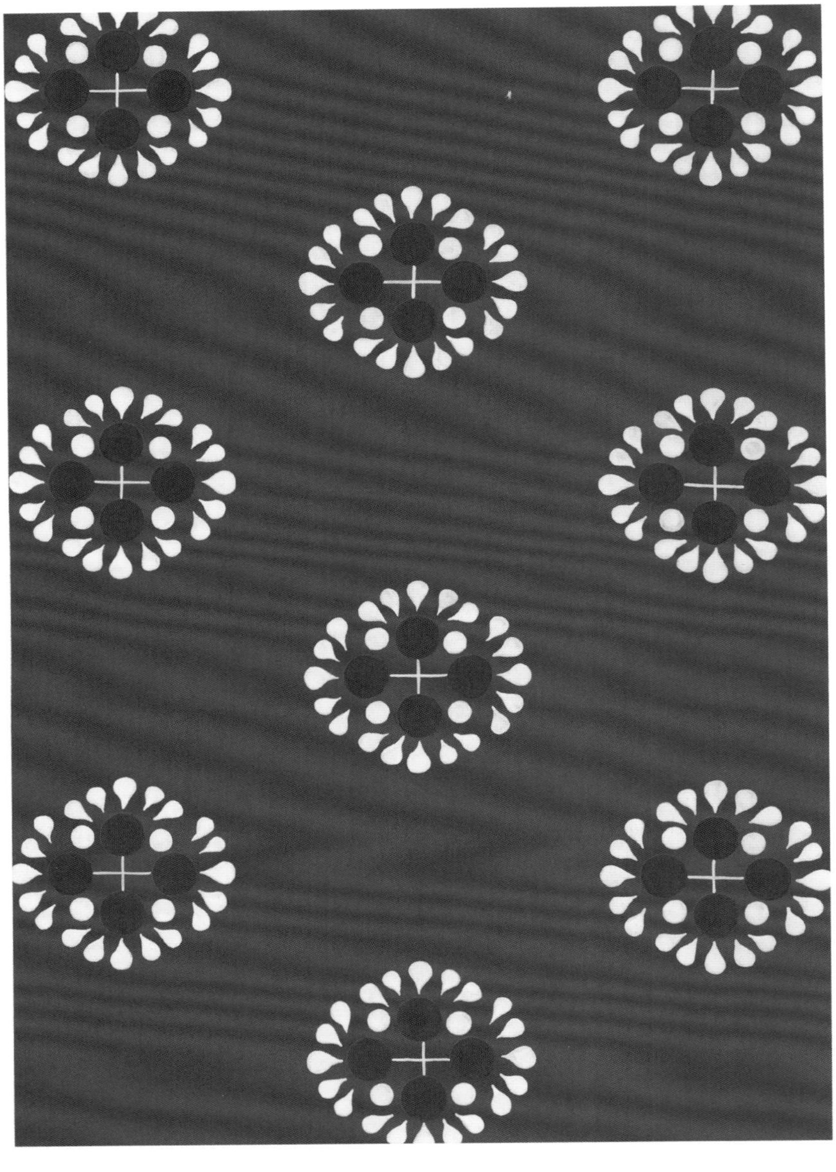

图文：常青

敦煌藏经洞出土的唐代绢画水月观音菩萨身着红地僧祇支与长裙，其上点缀散花图案。花心为十字形骨架，绿色与白色圆点花瓣环绕，四周缀饰白色小花瓣，花地分明，花型俏丽典雅，整体呈四方连续错落排列。十字形圆点小花在莫高窟唐代菩萨服饰中极为常见，除了十字形骨架呈现的四等分表现形式外，也有三等分、五等分、六等分等形式的小花，并且在骨架四周不断衍生添加装饰，使呈现内容与表现形式更加丰富。

图：房娜娜

敦煌藏经洞出土唐代绢画地藏菩萨袈裟图案

图文：蓝津津

敦煌藏经洞出土的唐代绢画地藏菩萨身着半披式袈裟，目光温和坚定，向前执起的双手使得通身袈裟图案清晰了然。此身地藏菩萨所着袈裟图案为云水纹，以三色云纹为底，上用墨线细细勾勒出水流的纹路，粗细变换富有节奏，在图案上还以白色作点状模仿线迹，均匀绘制于田相之间。这种水纹自初唐时期的佛弟子塑像中就有出现，到中唐时期，此种描绘手法与该时期的山水壁画一样，更倾向于呈现涓涓细流的视觉效果。三色云纹的颜色也与地藏菩萨像的整体配色相协调，石绿色与僧祇支、下裙的主色相同，淡石青色与头光的色彩相呼应，而随衣纹向外反卷的袈裟内里也使橘色成为一抹鲜亮的点缀。这样的配色被广泛运用于中唐时期的袈裟图案中，地藏菩萨在云水纹袈裟的衬托下更显眉宇鲜明，神采奕奕。

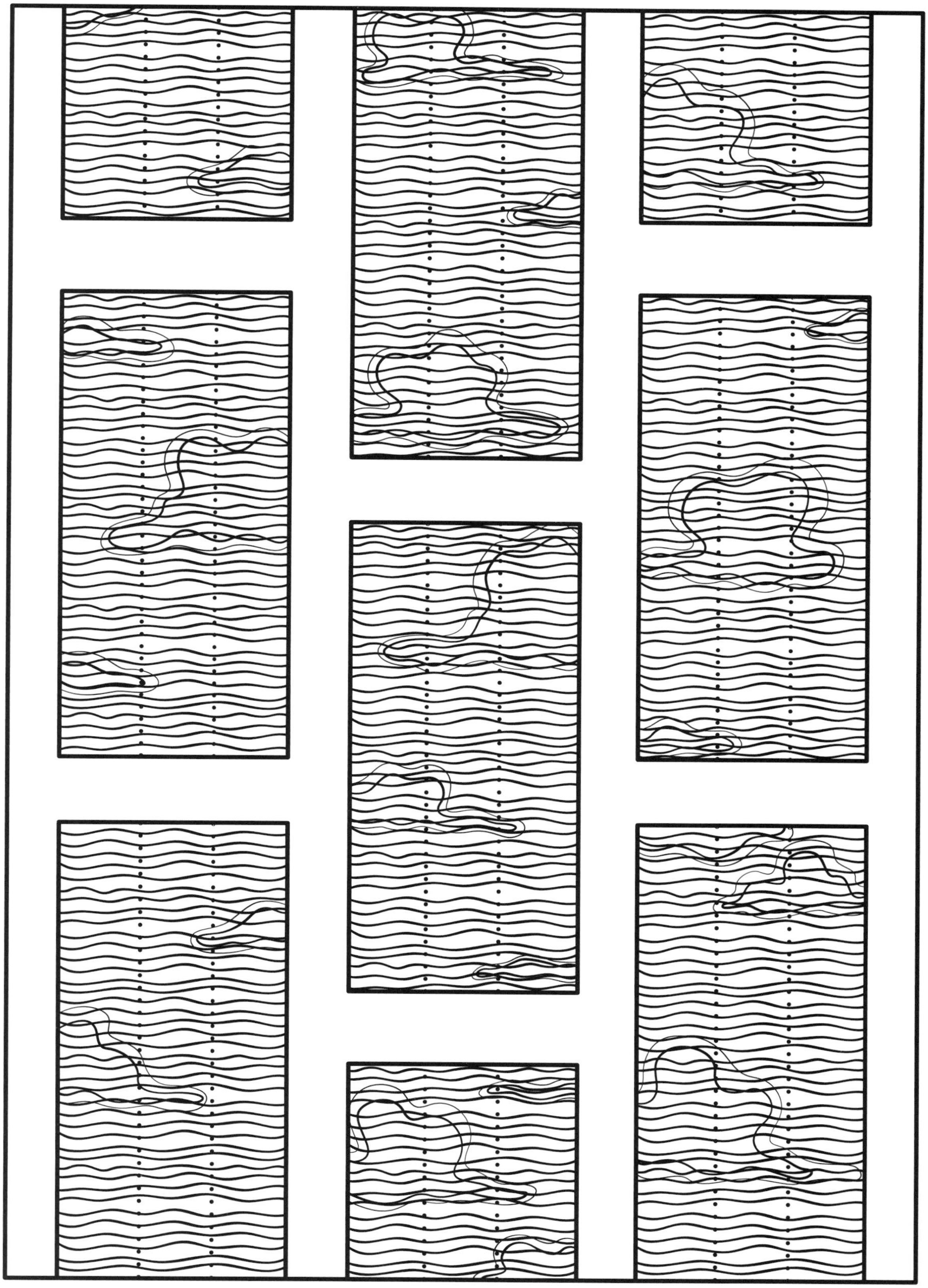

图：蓝津津

敦煌藏经洞出土唐代绢画金刚菩萨衣裙图案

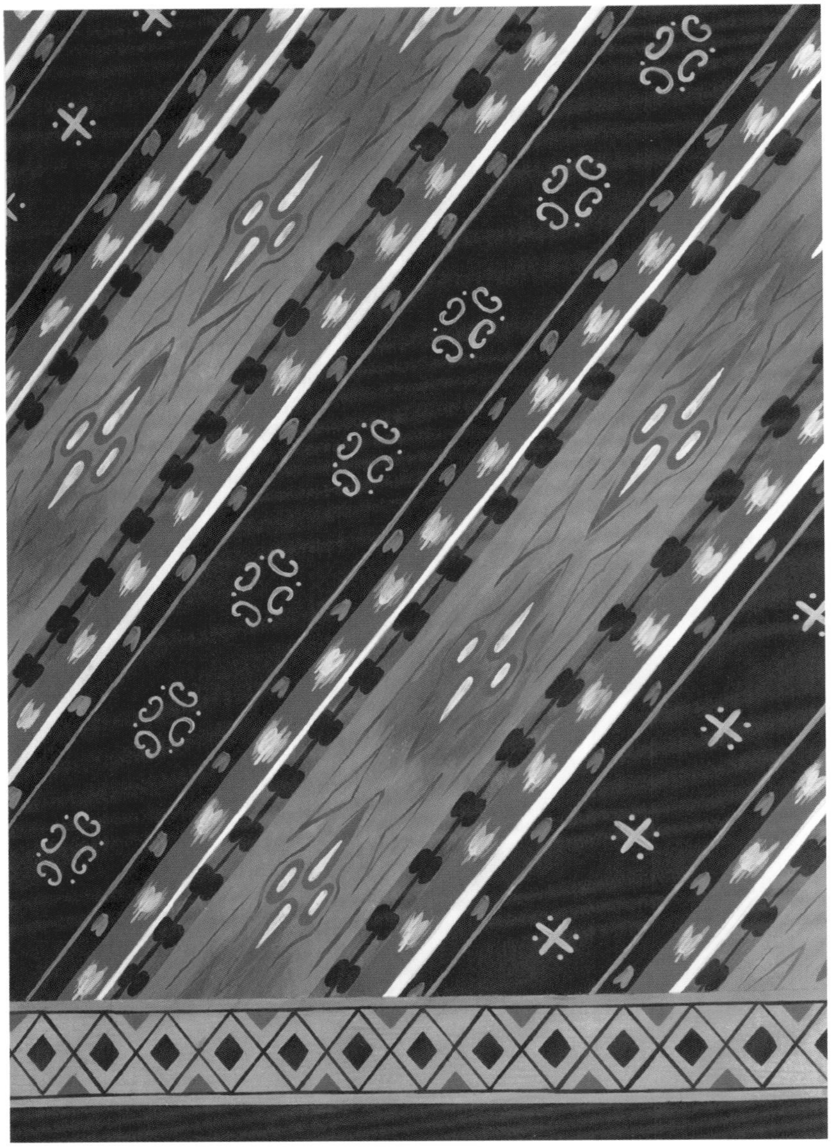

图文：王可

敦煌藏经洞出土的唐代绢画金刚菩萨像穿着具有扎经染色工艺特征的织物。衣裙图案以黄色为地，蓝白色十字花纹接续排列，辅以排线的手法顺势延伸十字花纹，似游移的云雾在阳光的照耀下呈现出的多彩霞光之感。“朝霞锦”是唐代时期对扎经染色织物的一种称谓，以“朝霞锦”作衣裙缠绕在菩萨身上，既是取自客观天地自然之象，经由心灵折射而产生的一种审美意象，同时也是通过现实中的扎经染色工艺体现出“立象尽意”的形象思维。

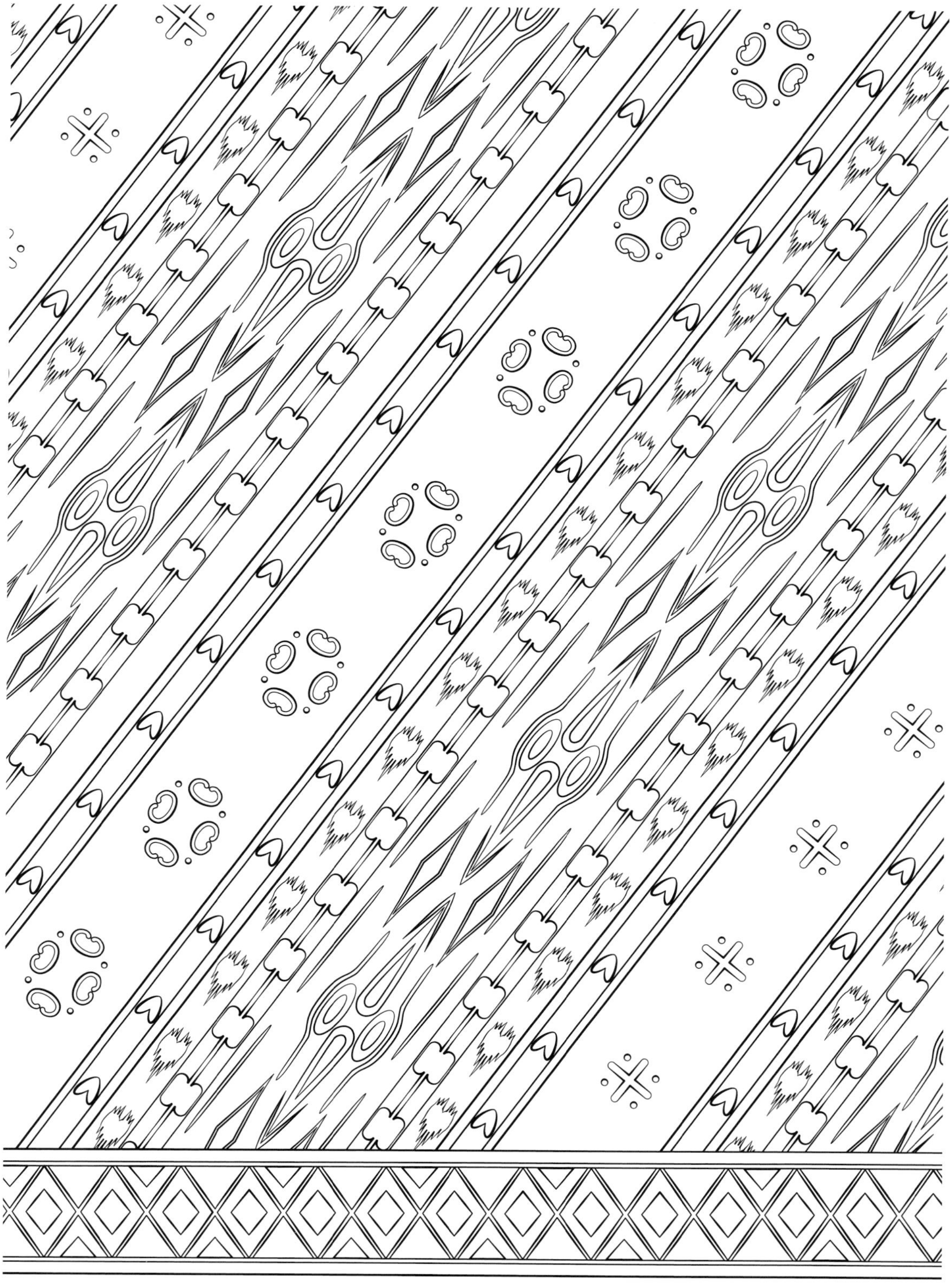

图：郝梦圆

敦煌藏经洞出土唐代绢画药师如来袈裟图案

图文：蓝津津

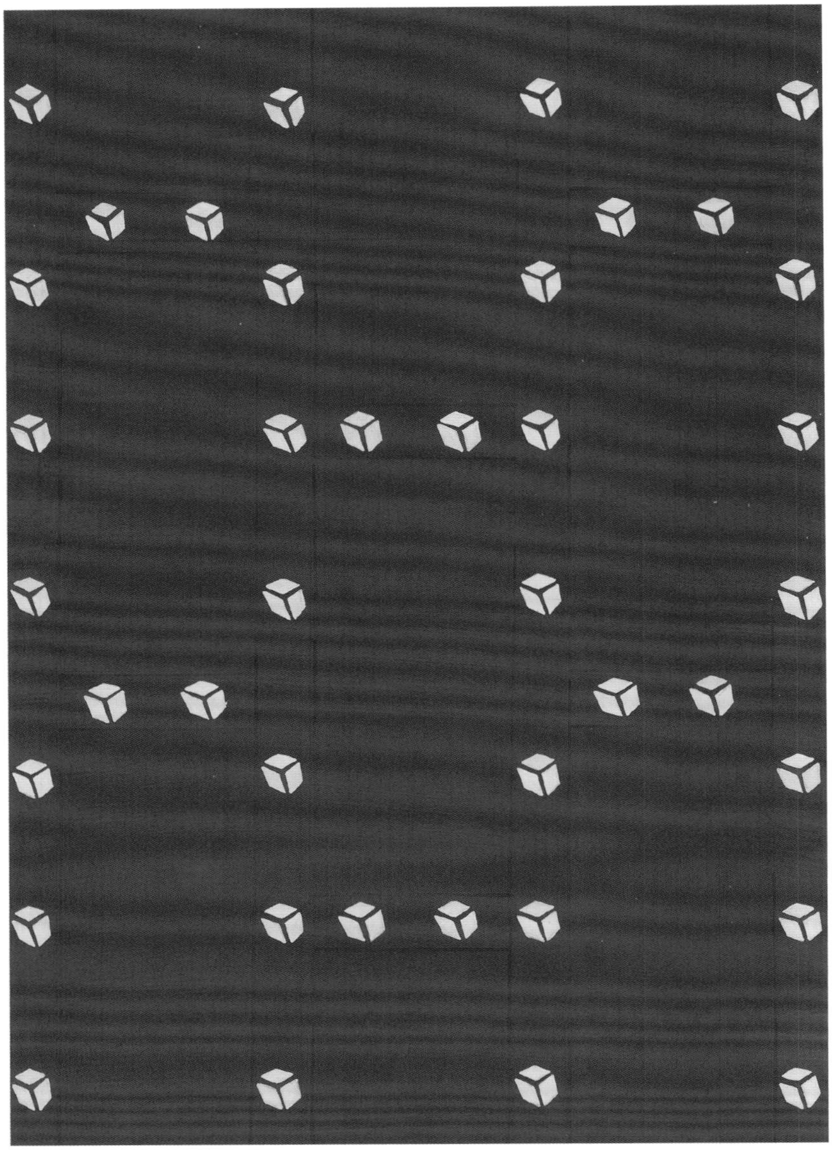

敦煌藏经洞出土的唐代绢画药师如来像衣饰精美。此身药师如来像身着半披式赤色袈裟，形制图案清晰可辨。袈裟条上无图案，仅于叶上均匀排列几何纹样，位于袈裟四角的揲也被完整地绘制于图中。整身袈裟配色简单，仅用赤、白两色，白的菱形图案每三个为一组，以同等间距绘制于叶上，与赤红的底色形成鲜明对比，素雅整洁。除了装饰作用，这些菱形组合图案兼具缝缀加固袈裟的功能。这样的几何图案形制也被绘于其身旁随行的两尊僧像袈裟中，更具有衬托画面中心药师如来尊像地位的效果。

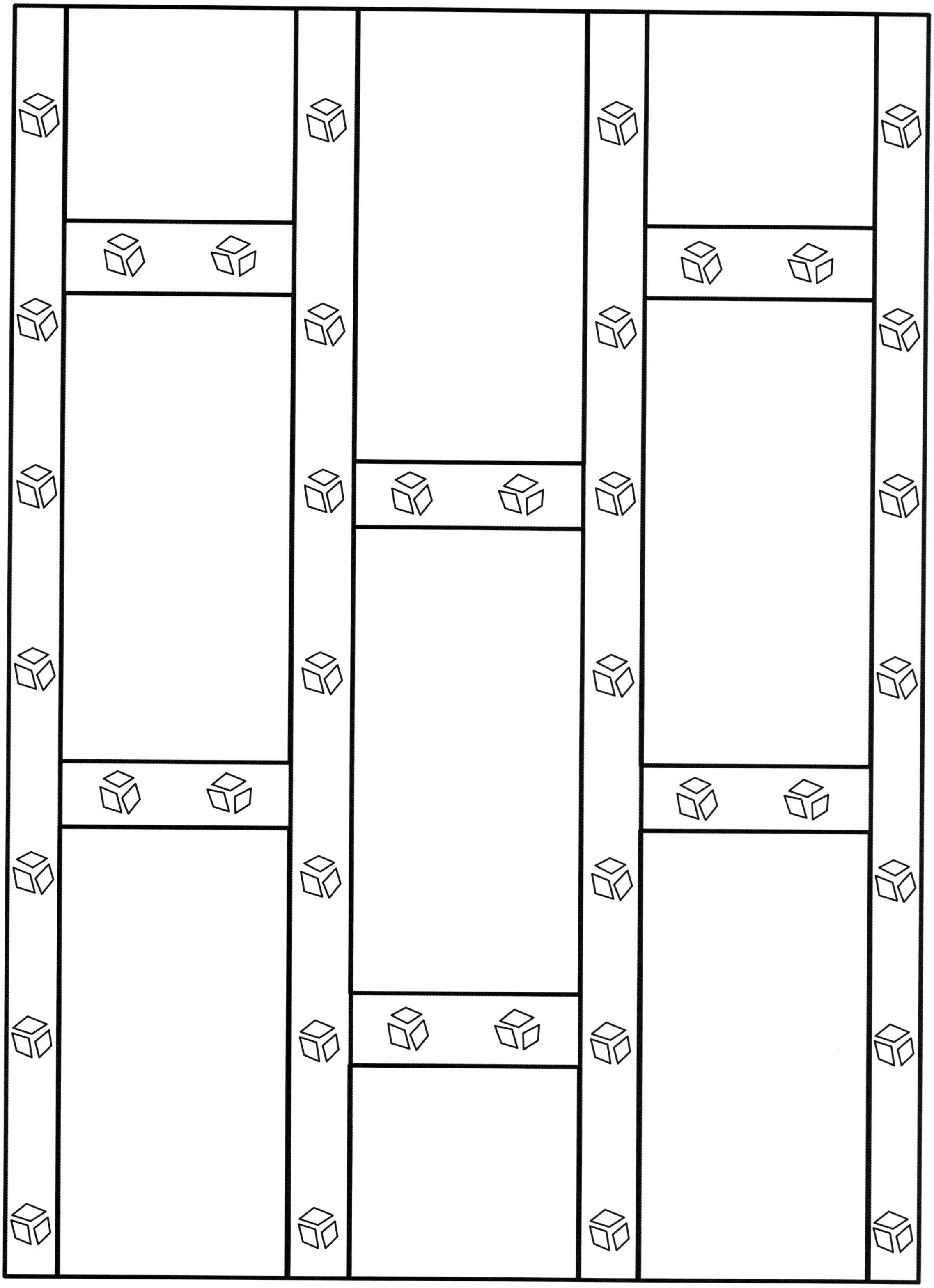

图：蓝津津